ENERGY
エネルギーテック
TECH革命

みずほリサーチ&テクノロジーズ
並河昌平、石原範之ほか　著

はじめに

　本書は、「未来」のエネルギー社会について、デジタルの視点を入れなが
ら考えます。

「エネルギー」は、我々の生活から産業のすべてが必要とするインフラであ
り、長期的に大きなビジョンをもって計画し、進めていくことが重要です。
特に現在、再生可能エネルギーの台頭により、エネルギー産業は歴史上でも
少ない大きな変革点を迎えています。再生可能エネルギーが「主」になった
エネルギー社会では、現在の延長線のシステムではなく、必ず変革が起こる
と考えています。そうでなければ、我が国は、世界的な流れにある再生可能
エネルギーを中心とした社会から取り残されるかもしれません。むしろ、そ
のような流れを踏まえ、我が国から積極的に変革を起こして世界を先導して
いく必要があります。

　本書では、そのような観点から、どのように電力システムが変わっていく
かを考えてみました。もちろん電力システムに変革が起こるということは、
既存のエネルギーにおけるビジネスモデルも変化していくということでもあ
ります。そのような変革の中で、中核的な役割を担うのが「デジタル」や「ブ
ロックチェーン」技術になります。これらの技術が、どのような役割をする
のかについても本書で考えます。

「未来」を考えるとき、方向性はある程度共有ができるかもしれませんが、「時
期」については予測が非常に難しいといえます。例えば、先般の通信技術の
向上や働き方の柔軟性などの技術的、社会的なトレンドから「リモートワー
ク」が進んでいくという方向性は、ある程度、皆さんも納得できたかもしれ
ません。ただ、それが新型コロナウイルスの影響で「2020年」から世界的
に急激に進むことは誰も想像がつかなかったでしょう。

　特にエネルギーの世界は、社会に与える影響が大きいため、「規制」的な
側面が強く、規制の引き方によっては、その時期を遅らせることも早めるこ
ともできます。一概に早めることがよいという意味ではありません。いろい
ろな影響を考えながら、定量的な結果を含めて議論し、決定していくことが
必要なのです。そのような議論をするために、未来のエネルギー社会につい

1

て、さまざまなシミュレーションや実証を行っていくことが急がれます。

　本書は、筆者が考える未来の方向性を示しました。一方で、「定量化」して、いつまでにこうすべきという観点は含めていません。また、方向性についても、エネルギーに関わるさまざまなステークホルダーの立場の中で、考え方やアプローチが異なる場合もあるでしょう。ただし、本書のコラムや対談にご協力いただいた企業をはじめ、本書で述べた未来のエネルギー社会に向けて、現実に検討を行っている新進気鋭の企業がすでに多く出てきています。

　本書をお読みいただき、ひとりでも多くの方々から、そういう未来もあるのかもしれないと、ご自身が未来のエネルギー社会について考えるきっかけとしていただくことができれば幸いです。

本書の構成について

　本書は、全体で5章からなっています。各章の内容は以下のとおりです。図に示すように、前後で関係している章もありますが、時間のない方は、関心のある章からお読みいただいても構いません。

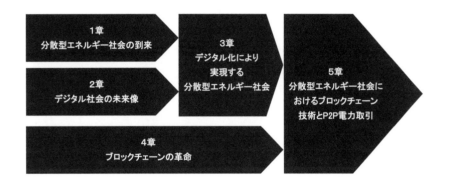

- ・1章の「分散型エネルギー社会の到来」では、未来のエネルギー社会がどのようになっていくか、方向性の示唆としてトレンドから見えてくる可能性について解説しました。
- ・2章の「デジタル社会の未来像」では、「デジタル化」は今後の社会を語るにあたって必要不可欠なファクターであり、このデジタル化がもたらす将来ビジネス変革やビジネスのあり方についての方向性を語ります。
- ・3章の「デジタル化により実現する分散型エネルギー社会」では、1章および2章を踏まえて、デジタル化が分散型エネルギー社会にどのように寄与しているか、さらにデジタル化がもたらす新しいエネルギービジネスの可能性について議論しています。
- ・4章の「ブロックチェーンの革命」では、デジタル分野における新しい技術革新である「ブロックチェーン」技術について、これによって、どのようなビジネスが実現可能になるのか、さらには具体的なブロック

チェーン技術の概論について解説します。

・5章の「分散型エネルギー社会におけるブロックチェーン技術とP2P電力取引」では、ブロックチェーン技術がエネルギー分野で、どのように活用され得るかを示すとともに、3章において描いた将来的な分散型エネルギー社会のひとつの姿であるP2P電力取引を中心に、ステップを経て、どのような電力取引や市場が実現するか、P2P電力取引の具体的な類型、ビジネスモデルや今後の課題について説明します。

目 次

1章

分散型エネルギー社会の到来

　世界のエネルギー産業は、いま大きな転換点にある。再生可能エネルギーの台頭である。一般的には、温室効果ガス排出量の低減手段としてのイメージが強い再生可能エネルギーであるが、特に太陽光発電と風力発電は、すでに発電コストで火力発電などの従来電源と比較して競争力を保有し始めている。太陽光発電は、普及に伴って価格の低減が現在も継続しており、近い将来最も発電コストが安い電源のひとつになる可能性もある。

　また、世界では、2050年に向けてカーボンニュートラルへの検討が始まっている。この達成のためには、今までの従来の発電所を再生可能エネルギー電源に置き換えるだけでなく、各部門における熱および運輸部門で使用するエネルギーの需要についても、再生可能エネルギー由来の電力などによって賄うことが視野に入る。すなわち、今後のカーボンニュートラルに向けては、従来の電力需要を考えるだけでは解決せず、運輸部門をはじめとしたクロスセクターでの取り組みが必要不可欠となる。

　これらの流れを受けて、これまでの従来型のエネルギーシステム自体が未来のエネルギーシステムへと進化する必要に迫られている。キーワードは、「地域」、「需要家」中心のエネルギーシステムである。特に日本が迎える将来社会と、この新たなエネルギーシステムは非常に親和性が高い。最後の項では、そのことについての可能性も考えてみたい。

1.1　再生可能エネルギーの台頭

　再生可能エネルギーには、太陽光発電、風力発電、バイオマス発電、地熱発電、水力発電など、さまざまな発電種類がある。この中でも特に世界的に台頭が予期されているのは、太陽光発電である。図1-1にIEA（国際エネルギー機関）の発電設備容量ベースの見通しを示す。「Sustainable Development Scenario」という積極的な導入がされた場合のシナリオであるが、2040年に向けて、世界においてでも太陽光発電が劇的にシェアを伸ばすことが見込まれている。日本では、容量ベースで全電源の40%が太陽光発電になるとみられている。

　なぜ、太陽光は、これだけの伸びが期待されているのか。そのひとつの

図 1-1　IEAにおける再生可能エネルギー導入の見通し（世界と日本）

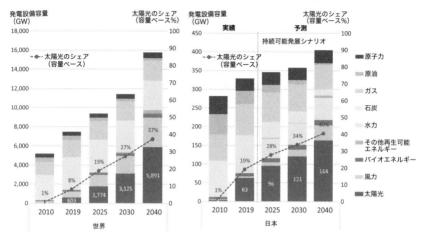

出所:IEA「World Energy Outlook 2020」を基にみずほリサーチ&テクノロジーズ作成

理由に「価格」がある。図1-2に事業用太陽光発電のシステム価格と発電コストを示す。世界の平均太陽光発電システム価格は、2010年からわずか9年間で5分の1になった。発電コストは、世界の加重平均で2019年には0.07USD/kWhとなった。火力発電の平均的な発電コストは0.05〜0.177USD/kWhであり、太陽光発電はすでに従来電源の発電コストと比較して競争力を保有するレベルとなっている。

　また、太陽光発電の発電コストが電気料金単価を下回ることを「ソケットパリティ」と表現されるが、ある時点から、このパリティを迎えることで大きな産業転換点を迎える。すなわち、電気を使用している需要家は、電力会社に電気料金を支払って、電気を購入するよりも、太陽光発電を屋根に自分で設置し、そこからの電気を使用したほうが安くつくということになる。この「パリティ」を迎えると経済合理的に、太陽光発電を中心とした分散型エネルギー社会が加速的に進むことが予期できるのである。

9

図1-2　事業用太陽光発電（Utility-scale PV）の発電コスト推移（世界の加重平均）

出所:IRENA（国際再生可能エネルギー機関）「Renewable Power Generation Costs in 2019（2020年6月）」を基にみずほリサーチ＆テクノロジーズ作成

　パリティを迎える時期は、さまざまな国で電気料金単価や太陽光発電のシステム価格、日射量などが変わるため、国によって異なる。我が国では、現時点の太陽光発電のシステム価格は欧州などと比較すると若干高いものの、すでに住宅用太陽光発電はパリティを迎えている。

　図1-3は、住宅用太陽光発電の国内の発電コスト試算例である。20年間使用する場合を想定し、かかる初期費、運転維持費を20年間の総発電量で除したものである。2019年のシステム価格想定では15.91円/kWhであり、2018年度の低圧電気料金単価22.5円/kWhを大きく下回っている。

　この発電コストになるのは、太陽光発電の電力をすべて自宅で自家消費できればという前提がある。実際には、太陽光発電が発電している日中は会社や外に出かけていたりして、すべての太陽光発電の電力を自家消費できておらず、発電した電力の70%程度を余剰電力として系統に流している。

　しかしながら、昨今の新型コロナウイルスによって、リモートワークや外出自粛する機会が増加すれば、日中に家で活動することが多くなり、日中の電力供給源として太陽光発電への関心はさらに高まるだろう。

図1-3　住宅用太陽光発電システムの発電コスト推定結果（新築住宅を想定）

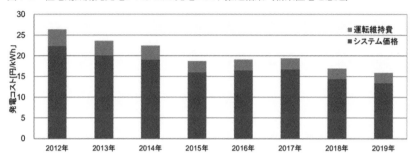

出所:NEDO（新エネルギー・産業技術総合開発機構）研究評価委員会「高性能・高信頼性太陽光発電の発電コスト低減技術開発」（事後評価）分科会事業原簿

　太陽光発電のシステム価格は、将来にわたってさらに低減することが期待されている。図1-4は、モジュール価格のこれまでの低減状況を示したものである。1976年から2019年までの間、世界の太陽光発電の累積導入量が2倍になると、太陽電池モジュールの価格は0.765倍（1-0.235）になるという習熟曲線に載ってきた。今後、世界の太陽光発電の累積導入量はさらに拡大することが見通されており、この習熟曲線に従ってモジュール価格もさらに低減することが想定される。もちろん太陽光発電のシステム価格には太陽電池モジュール価格以外に、設置工事費（主に人件費）などの劇的な低減が困難な費用も含まれるので、システム価格全体での低減には限度はあるが、他電源と比較して相当低価格な電源になる可能性が高い。そうなった際には、需要家にとって太陽光を電源として使用することが当たり前の時代になることは想像に難くない。

　筆者が所属するみずほリサーチ＆テクノロジーズが試算した、将来の住宅用太陽光発電コストの推定結果を図1-5に示す。2030年度には運転年数30年間が前提ではあるが、先ほどの習熟曲線を想定した太陽電池モジュールの価格低下などの要因から、5.74円/kWhになると試算しており、現在の低圧の電気料金単価が22.5円/kWhであることを考えると破格の発電コストであるといえよう。

　発電コストは非常に低い太陽光発電であるが、欠点もある。ひとつは、天

図1-4 太陽電池モジュールの価格低減

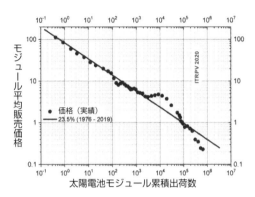

出所:ITRPV(International Technology Roadmap for Photovoltaic)「Results 2019 including maturity report 2020(2020年10月)」(和訳:みずほリサーチ&テクノロジーズ)

図1-5 2020年および2030年における住宅用太陽光発電システムの発電コスト推定結果

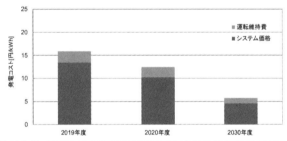

出所:NEDO(新エネルギー・産業技術総合開発機構)研究評価委員会「高性能・高信頼性太陽光発電の発電コスト低減技術開発」(事後評価)分科会事業原簿

気任せ、夜間に発電できないといった「変動性」の電源であるという点である。この欠点は、将来的には蓄電池によってカバーされる。

蓄電池は、足元の価格は高価であるが、図1-6 に示すように、その価格についても近い将来低減することが期待されている。太陽光発電と蓄電池を組み合せれば、自家消費を中心とした分散型電源社会が構築可能となる。

図1-6　蓄電池の価格の低減

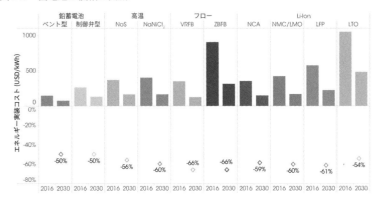

出所:IRENA「要旨・電力貯蔵技術と再生可能エネルギー2030年に向けたコストと市場」

　もうひとつの太陽光発電の欠点は、従来の電力システム側からみた欠点である。詳しくは3章で述べるが、電力システムを安定して利用するには、電力システムのある時点での電力の「需要量」と「供給量」とを一致させる（「需給バランス」と呼ぶ）必要がある。太陽光発電は、天候によって発電量が変動するため、電力システムへの「供給量」が従量の発電所のように計画的にはいかなくなる。そうすると、「供給量」の計画ができる火力発電が、そのフォローをしなければならなくなるのである。つまり、晴れると思っていたのに急に雨になって太陽光発電からの供給量が低下してしまえば、「需要量」と「供給量」を一致させるために急遽、火力発電を焚き増さなければならないし、雨だと思っていたのに急に晴れてきて太陽光発電からの供給量が増加すれば、火力発電の発電量を減らさなければならない。

　太陽光発電がもたらす課題は、天候による出力変動だけではない。図1-7に示すように、太陽光発電は日中が発電量のピークになり、夕方、夜間の発電量は下がる。この間、一般的には需要は減少せず、むしろ増加するため、供給量と需要量を一致させるためには、この夕方から夜にかけて「太陽光発電以外」の出力が必要となる。いわゆる「ダックカーブ」と呼ばれている現象であり、この急激な出力増加に対応する電源やデマンドレスポンス（詳細は3章で説明）などの新たな仕組みが必要となるのである。

　太陽光発電が大量に連系してくる電力システムでは、太陽光発電が電力供給としての主力電源となり、火力発電は、それをサポートするための電源（「調整力」と呼ばれる）になるというこれまでの主従逆転が起こる。欧州において、多くの主要電力会社が火力発電を売却し、再生可能エネルギー事業に注力しているのは、温暖化だけではなく、まさしくこのようなトレンドがあるからである。

　もちろん、この状況に安いコストの「蓄電池」が入ってくれば、蓄電池が太陽光発電のフォローをしていた火力発電の役割を担うことになる。

　需要家に設置される太陽光発電と蓄電池は、次世代電力システムを語るうえで欠かせない組み合わせである。燃料を使用せず、脱炭素化に寄与ができる。また需要家にとっては、電力の自給自足ができ、近年、大規模・多発化している災害に伴う停電も回避できるというメリットもある。ただし、蓄電池の価格が非常に高いことが課題となっている。例えば、20万円/kwhの

図 1-7　太陽光発電によるダックカーブイメージ

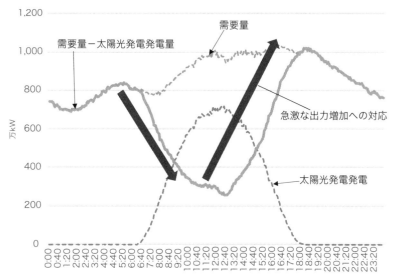

出所:九州電力送配電「過去の電力使用実績データ（2020年9月29日）」を基にみずほリサーチ&テクノロジーズ作成

蓄電池の場合、寿命が 10,000 サイクルとすると、1 サイクル（充放電）して 25 円 /kWh かかること（放電深度 80%※1、変換効率考慮なしの場合）になる。先ほどの低圧の電気料金単価レベルである。蓄電池は自ら発電しないため、さらに、これに発電原価が別にかかる。

　そこで、考えられるのが電気自動車に設置されている蓄電池を使えばよいのではというアイデアである。電気自動車は、図 1-8 に示すように、今後、世界的に普及が見込まれている。定置用蓄電池と比較すれば、電気自動車は世界的に量産されているものであり、そこに導入される蓄電池も量産されるため製造コストが安くなる。このため、定置用蓄電池の代わりとして電気自動車を電力システム（V2G）につないで制御する実証がされているのである。

　もう一点、電気自動車を電力システムにつないで制御する理由のひとつに、電気自動車自体がもたらす電力システムへの影響への懸念もある。電気自動車は、航続距離の拡大のため、蓄電池容量の大型化とそれに伴う急速充電の普及がトレンドとなっている。急速充電は、一時的ではあるが非常に大きな電力を必要とし、配電網への負荷が非常に高くなる。例えば、日本発の急速充電方式である「CHAdeMO（チャデモ）」は、2020 年に 500kW 超級の超高出力対応の充電規格を発行した。テスラは、すでに最高出力 250kW の急速充電スーパーチャージャーを展開している。

　電気自動車の台数が少なければまだよいが、多くの自動車が電気自動車に移行した社会となったとき、一斉に電気自動車が充電すると配電の電圧が一気に変動する。このときに、電力システムが故障したり、最悪停電になったりする可能性が出てくる。そのため、電力システムと電気自動車を連系させ、電気自動車の充電を制御する仕組みを入れておく必要があるということである。

　筆者も米国ハワイ州マウイ島での電気自動車を活用した VPP（Virtual Power Plant：仮想発電所）実証に携わったことがあるが、特に離島のようにそもそもの電力需要が少ないと、電気自動車がもたらす電力システムへのインパクトは大きくなる。

図1-8 世界における電気自動車の導入量見通し

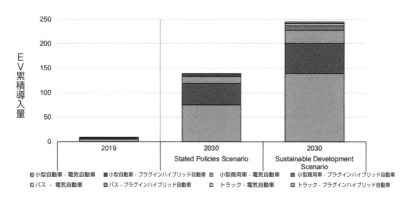

出所:IEA「Global EV Outlook 2020, Entering the decade of electric drive(2020年6月)」
(和訳:みずほリサーチ＆テクノロジーズ)

　なお、少し脱線になるが、図1-9に示すように電気自動車に太陽電池を搭載するトレンドも出てきている。車載太陽電池は、IEA-PVPS（国際エネルギー機関・太陽光発電システム研究協力プログラム）において日本を中心に提案し研究活動を始めている。自動車の屋根一面に高効率の太陽電池を載せて発電することで、通常の使用では充電フリーになる未来がくるかもしれない。電力システムからみて、太陽電池を搭載する電気自動車は走る蓄電池というだけでなく、走る発電所の機能を持つことになる。

図1-9 太陽光発電システム搭載自動車（実証車）

出所：トヨタ自動車ウェブページ(左)、日産自動車写真提供(右)

1.2. カーボンニュートラルへ向けて変革する
エネルギー社会

　ここでは、エネルギートレンドのひとつとして、温室効果ガスの削減の方向性を踏まえ、エネルギー社会がどうなっていくのかを議論したい。気候変動をもたらす温室効果ガスを低減し、低炭素社会を構築していくことは世界的な喫緊の課題となっている。パリ協定においては、21世紀後半までに世界全体で排出量実質ゼロにすることを合意した。国内では、2050年度までに温室効果ガスの排出を全体でゼロにする「カーボンニュートラル」の実現を目指している。

　エネルギー分野において温室効果ガスを削減するためには、①エネルギー消費量の削減、②エネルギーの低炭素化、③利用エネルギーの転換の3つのアプローチがあり、カーボンニュートラルに向けては、これらを組み合わせて相当進めていく必要がある。

　①は、いわゆる省エネであり、着実に進める必要がある。②は、主に太陽光発電や風力発電をはじめとした電力の再生可能エネルギー化である。③のアプローチは、特にエネルギー社会が大きく変わるドライバーになってくる。図1-10に、分野別の二酸化炭素排出量とカーボンニュートラルに向けて各分野におけるエネルギー供給が、どのようになるかのイメージを示した。運輸であれば、化石燃料を使用する自動車を少なくし、電化（EVなど）していくとともに、その電力への供給を再生可能エネルギー電源やグリーン水素が担う。グリーン水素とは、再生可能エネルギーから生産する水素燃料のことである。なお、自動車は電化がすべてではなく、バイオ燃料を使用するといった方向性も考えられる。家庭、業務、産業でもヒートポンプなどによる熱需要の電化を進め、それを再生可能エネルギー電源で供給していくことが想定される。ただし、一部の熱需要については、ヒートポンプなどで対応ができず、ガスが残るか、グリーン水素の燃焼による供給がされる可能性がある。

　地域の再生可能エネルギー電源を中心に、電力システムが再構築され、その中にEVなどのさまざまな電化運輸機器がつながる。また、地域の再生可

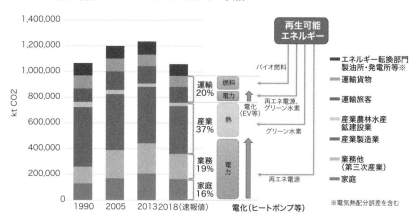

図1-10 国内の分野別二酸化炭素排出量（非エネルギー起源除く）と
再生可能エネルギーによるエネルギー供給

出所:国立環境研究所·温室効果ガスインベントリオフィス「日本の温室効果ガス排出量データ　2019年公開版（2019年11月29日）」を基にみずほリサーチ＆テクノロジーズ作成

能エネルギー電源から生産されたグリーン水素が地域のガス管を通じて供給され、さまざまな熱需要に対応する。いずれも地産地消の方向であり、限られたエネルギーを有効活用するために電力や熱の融通が地域内で頻繁に行われる。このような社会が想定される。

1.3. 未来のエネルギーシステム

　本項では、これまでの議論を踏まえ、未来のエネルギーシステムを考えてみよう。前提は、太陽光発電をはじめとした再生可能エネルギーのコスト低減である。エネルギーは、コモディティであり、価格競争の世界である。電気料金についても、最近は電力会社を選択できるようになり、よりお得な電気料金となる電力会社に切り替えた方も多いのではないだろうか。価格競争力がないと未来のエネルギーシステムも実現はしない。

　将来の電気料金から話を始めたい。皆さんが契約している電力会社の電気料金は、集中型電源（主に発電所）からの電源調達コストと、そこで発電された電気を送電するために必要な託送料金からなる。これに、再生可能エ

ルギー賦課金という再生可能エネルギーを普及させるためにかかる政策コストおよび小売利潤が上乗せされている。

　では、将来の電気料金はどうなるか。図1-11に太陽光発電の価格競争力を踏まえた、現在と将来の電気料金内訳を示した。火力発電が主な調達電源であれば、将来、電源調達コストは、燃料費の上昇に伴って料金が上がるかもしれない。もちろん下がる可能性もあるが、そこを確実に見通すことはできない。一方、電気を送電するためのコストである託送料金は、現在は系統送電システムを使用した電力量に対して課金されているため、自家消費が増加するにつれて、系統送電システムを使用する電力が少なくなると単価が上昇する。また、再生可能エネルギー賦課金も同様に現在は系統（電力会社）から購入する電力量を通じて回収しているため、短中期的には[※2]自家消費が増加すると単価が上昇する。もちろん託送料金や再生可能エネルギー賦課金の自家消費分への負担が将来どうなるかについては国内の今後の制度によるが、系統から購入する電気料金は将来横ばいか上昇傾向にあると想定される。一方、太陽光発電の発電コストは右肩下がりになることはほぼ確実である。さらに需要家の屋根に設置する自家消費なので、現行の制度では、系統から購入する電気料金の場合にかかっていた託送料金も再生可能エネルギー賦課金も避けることができる。ちなみに託送料金は低圧で、エリアによって異なるが8〜10円/kWh、再生可能エネルギー賦課金は2020年度で2.98円/kWhである。低圧電気料金25円/kWh（再生可能エネルギー賦課金を含む）と比較してこの割合は大きい。

　いわゆる太陽光発電の発電コストが電力会社（系統）から購入する場合の電気料金単価と比べて低くなるソケットパリティーは国内でもすでに到達している。将来これに蓄電池が入ってきて、蓄電池コストを加味しても電力会社の電気料金単価を下回るストレージパリティーの時代に突入する。

　このストレージパリティーを達成する状況で、図1-12に示す第三者所有モデルなどの活用により初期費用が不要で、誰でも電気料金を切り替えるのと同じように太陽光発電と蓄電池を簡単に導入することができるようになると、加速度的に分散型電源が社会に普及することになる。

　第三者所有モデルは「オンサイトPPAモデル」とも呼ばれ、電力会社が

図1-11 太陽光発電の価格競争力と電気料金

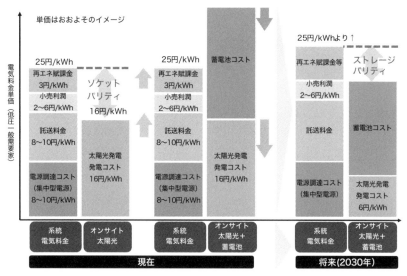

出所:みずほリサーチ&テクノロジーズ作成

図1-12 第三者所有モデル（Third Party Ownership）：分散型電源の普及と 電力ビジネスの転換

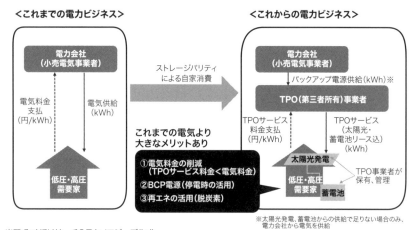

出所:みずほリサーチ&テクノロジーズ作成

系統から電力を供給する代わりに、需要家に太陽光や蓄電池を無償で設定し、そこからの電力使用量に応じて機器費相当を電気料金として回収するモデルである。

　もちろん太陽光発電は重量があり、強度の弱い建物には設置できないとか、日射が悪い建物では経済性が成立しない、需要量が大きい建物では、自家発電量が不足するなど諸々の課題はあるが、全体として、太陽光発電と蓄電池の組み合わせによる自家消費モデルが進んでいく。

　価格競争力を保有した自家消費モデルが進むとどうなるか。需要家は、電力会社から電気を購入しなくなり、自分で発電する。電力会社が販売する電力、発電する電力の必要性が少なくなり、売上が減るであろう。そのため、一部の電力会社は、すでに分散型エネルギービジネスの検討をしており、例えば、先ほどの第三者所有モデルを通じた新たな電力ビジネスを開始している。

　当然、自家消費するための太陽光の発電量が不足する需要家も出てくる。その場合は、近くのたくさん発電している需要家から電力を分けてもらうことになる。

　図1-13が、筆者が考える電力システムのシナリオである。これまでは、火力発電などの集中型電源からの電力を需要家に届ける送電系統システムが

図1-13　電力システムの推移

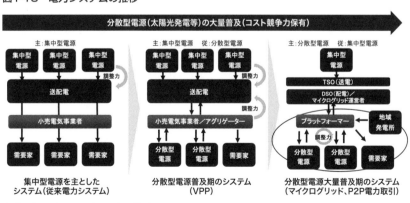

出所:みずほリサーチ&テクノロジーズ作成

重要な役割を担ってきた。現在、太陽光発電や蓄電池などの分散型電源が導入されるに従って、分散型電源を仮想的にひとつの大きな電源として扱うVPP モデルが出現（詳細は 3 章で説明）している。今後さらに分散型電源が主の時代に突入すると、地域の配電システムと分散型電源が一体となって運用されるマイクログリッド、P2P 電力取引のモデルが出現する。

　マイクログリッドの時代には、従来の系統エリアより小さい範囲での需給バランスを維持する必要があり、より高度な発電および需要の制御技術や、予測技術、蓄電機器、蓄電インフラの普及が鍵となる。AI（人工知能）の発達やセンサーの高度化により、これら分散型電源の発電や、需要の高度で正確な予測と制御が実現可能となるだろう。また、蓄電については、短期的な電力を貯めるための蓄電池のほか、中長期的な貯蔵デバイスとして水素などのキャリアも活躍することになる。

　この時代には、需要家に需要を自動制御する機器が導入されることで、電気料金単価が時間帯ごとに、電力需給状況によって刻々と変動するダイナミックプライシングも一般的になる可能性がある。ダイナミックプライシングの導入により、需要側に時間による経済インセンティブを入れることで、需給バランスにおいて需要側のインセンティブ（需給が逼迫すると電気料金が高くなり、電気を使わない行動を起こさせる、電力が余る場合に電気料金が安くなり、電気を多く使ってもらうなど）を働かせることが可能となる。すでに国内でも時間ごとの卸電力価格と連動する市場連動型の電気料金プランが出てきている。

　ダイナミックプライシングの下では、昼間に太陽光発電が過剰に供給される際は、電気があまり、電気料金は非常に下がる。その際に、水素ステーションでグリーン水素を作ってエネルギーを貯蔵したり、自動運転の電気自動車が最寄りのチャージステーションに寄って自動で充電を開始したりする。逆にエリアでの電力供給が不足するときは、電気料金が高くなる。このときに蓄電池や電気自動車に充電した電気やグリーン水素を転換して電力供給を行う。

　マイクログリッドの運用は誰が行うのか。もちろん送配電事業者が行う場合もあるが、自治体や地域電力、地域住民による出資会社などが行う可能性

が考えられる。地方創生の手段として地産地消があるが、エネルギーの分野の地産地消は非常に可能性が高い。化石燃料はほとんどが海外からの輸入であるため、化石燃料費の大部分は海外に流出している。もちろん太陽光発電と蓄電池の発電コストが電気料金を下回るストレージパリティーが起こってからのことであるが、海外から購入している化石燃料をやめて太陽光発電と蓄電池を中心とした自家消費モデルに切り替え、流出している化石燃料に相当するコストを地域の資金に割り当てるのである。

　将来における世界のエネルギーの鍵になるものは、太陽光発電、蓄電池、それを制御するパワーコンディショナであり、さらにマイクログリッド全体の電力管理を行うシステムとなる。同時にエネルギーシステムは、セキュリティ上非常にシビアなものであり、海外からの輸入に頼るのではなく、国産システムで賄う必要がある。それだけではなく、これらの次世代電力システムを次世代の輸出産業にしていくため、政府は積極的に後押ししていく必要があるだろう。

　マイクログリッドは、技術的には過去多くの実証や検討がされてきたが、商業的展開にはいずれも時期尚早であったと筆者は考えている。太陽光発電をはじめとする分散型電源が経済的に競争力を保有し始めるこれからが、マイクログリッドが世界的にも普及していく転換期にあると考えている。特に系統と連系するセミオフグリッドの普及は、災害時の停電回避などのメリットが大きいため、経済性の議論を待たずしても部分的な導入も期待されている。

　欧米では、すでに送電を運用する送電事業者（TSO）と地域の配電を運用する配電事業者（DSO）が分かれているが、日本でも配電事業ライセンス制度が2022年度を目途に開始する。配電事業ライセンスを取得した事業者がマイクログリッド運営を展開していく。

　分散型電源の普及により、地域が電力を供給、管理していく時代がくる。地域が主体となって電力を供給している事例は、国内の自治体などが出資している地域新電力を含めて拡大している。これが分散型電源の普及により、配電網運営も含めた取り組みとなる可能性がある。また、電力インフラだけでなく自動運転 EV などを使用する MaaS（Mobility as a Service）といっ

図1-14 次世代電力ネットワークシステムイメージ

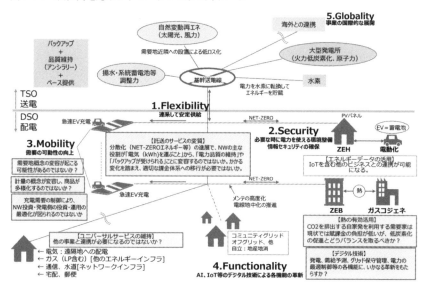

出所:資源エネルギー庁エネルギー情勢懇談会「エネルギー情勢懇談会提言〜エネルギー転換へのイニシアティブ 関連資料(平成30年4月10日)」

た新しく出現する地域運輸インフラと合わせて管理する方向になる可能性も考えられる。

　なお、我が国では、資源エネルギー庁が2030年以降の次世代電力ネットワークの在り方を検討しており、図1-14に示す将来イメージを描いている。特にDSO配電の中でさまざまな変革が起き、AI、IoT（モノのインターネット）などのデジタル技術による革新でコミュニティグリッドやオフグリッドなどの自立、地産地消型のエリアについても想定がされている。

1.4. 2050年の日本社会を支える 再生可能エネルギーの可能性

　ここでは、2050年の日本を巡る環境を踏まえ、再生可能エネルギーがどのように、日本社会を支えるかについて述べる。

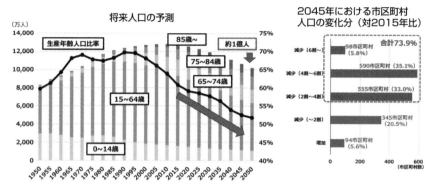

図1-15　人口の減少と地域の過疎化

将来人口の予測

（万人）

生産年齢人口比率

85歳〜

約1億人

75〜84歳

65〜74歳

15〜64歳

0〜14歳

2045年における市区町村
人口の変化分（対2015年比）

合計73.9%

減少（6割〜）　98市区町村
（5.8%）

減少（4割〜6割）　590市区町村（35.1%）

減少（2割〜4割）　555市区町村（33.0%）

減少（〜2割）　345市区町村
（20.5%）

増加　94市区町村
（5.6%）

（市区町村数）

出所:経済産業省「第1回産業構造審議会 2050経済社会構造部会·資料4
2050年までの経済社会の構造変化と政策課題について（2018年9月21日）」

　2050 年の日本社会は、少子高齢化が進むと同時に人口が減少し、多くの
地域で過疎化が進むことが想定されている。国の試算では、2050 年には、
人口は約 1 億人まで減少する。2045 年には、2015 年比で人口が 2 割以上減
る市区町村が 73.9％を占め、うち 6 割以上も減る市区町村が 5.8％出てくる
と試算されている。
　そのような社会になった場合に、エネルギーの分野ではどのような課題が
発生するか。まずひとつは、送配電インフラの維持管理に関する課題である。
電力を輸送するための送配電インフラは、電気料金に含まれる託送料金に
よって維持されている。特に人が少なくなる地域では、電力消費が減り、そ
れとともに託送料金収入が減るため、現在の送配電インフラを維持、更新す
るための採算性が課題となるだろう。現在は、ユニバーサル託送料金制度に
よって、過疎地域の送配電インフラは維持されているが、将来過疎が全国的
に広がると、この延長で対応が可能かどうか、今後論点にあがってくる可能
性がある。
　論点は、極論をいうと、重厚な送配電インフラ費用を全国で負担しつつ、
まんべんなく張り巡らせて維持していくのか、それとも地域マイクログリッ
ドのような軽い配電インフラ費用を地域で負担しつつ、地域中心の活用をし
ていくのかになると考えられる。これまでのような集中型発電所が主流の場

合は、前者の方向性しか考えられなかったが、今後、地域マイクログリッド
で活用される分散型電源発電のコスト競争力が高まることから、後者の議論
が出てくるのは自然な流れである。さらに、国が中心となって地域活性化を
進めていくという観点からは、必要な対応をしながら後者を進めていく判断
がされる可能性もある。

　もちろん経済性の観点からの検討が必要となる。系統電力とマイクログ
リッドの大枠の kWh 当たりのコスト比較をイメージしたものが図 1-16 で
ある。系統電力の場合、集中型電源コストを中心としたコストに、それを輸
送するための託送料金を加えたものがコストとなる。この託送料金に、送配
電インフラの維持管理、更新コストが含まれる。また、系統でのインバラン
ス※3 が発生する際のバランシングコストも含まれる。

　一方、マイクログリッドの場合、マイクログリッド内の分散型電源のコス
トと、その地域で輸送するための配電託送が含まれる。配電託送には自営線
を敷く場合もあるが、配電事業ライセンス制度が導入されると、既存の配電
網を所有している送配電事業者に支払う配電利用コストが想定される。また、
マイクログリッドは系統とつながっている（セミオフグリッド）ことを想定

図1-16　系統電力とマイクログリッドのコスト比較イメージ

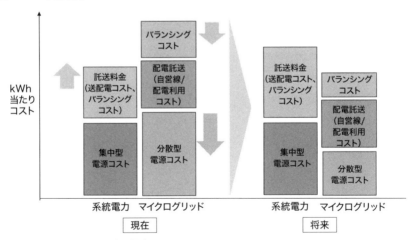

出所:みずほリサーチ&テクノロジーズ作成

図1-17　遠隔分散型グリッド

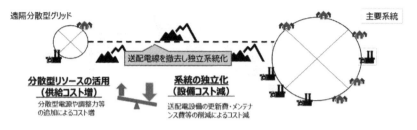

出所:経済産業省、持続可能な電力システム構築小委員会「中間とりまとめ(2020年2月25日)」

すると、マイクログリッド内での需給バランスが取れない場合には、バランシングコストを支払う必要があるだろう。

　このコストが「将来」どうなるかを考えた場合、自家消費が増加するため、系統電力の託送料金は上昇する方向性である一方、マイクログリッドの分散型電源コストは下がる傾向にあるということである。また、蓄電池など蓄エネルギー技術のコストが低減し、IoT や AI により発電、需要予測と制御技術が向上すれば、マイクログリッド内でのバランシングコストが圧縮される可能性がある。もちろん方向性だけの議論であり、具体的に定量評価することが必要ではあるが、将来このような要因によりマイクログリッドの経済性が高まる可能性がある。

　国においても、すでに将来送配電線の維持管理が課題となる山間部などにおいて、図 1-17 に示すように系統を独立化させたオフグリッドのマイクログリッドの想定をすることが議論にあがっている。遠隔地において、系統から独立したマイクログリッドにすることで、送配電設備の更新、メンテナンス費などが削減できる。もちろん分散型電源や調整力などの追加コストが想定されるが、それよりも系統の独立化による設備コスト減のほうが大きければ、そちらのほうが経済合理的であるということである。

　経済的にマイクログリッドが成立するのであれば、あとは地域に地域需要を賄えるだけのエネルギーがあるのかという点が問題となる。表 1-1 に市区町村の電力自給率ランキングを示す。域内の民生・農林水産業用電力需要を上回る再生可能エネルギー電力を生み出している市町村は、2018 年度には

表1-1 電力自給率ランキング（2018年度：トップ20抜粋）

都道府県	市区町村	2018年度全自給率	2018年度順位	2017年度全自給率	2017年度順位
大分県	玖珠郡九重町	2134%	1	2351%	1
熊本県	球磨郡五木村	1909%	2	1891%	2
長野県	下伊那郡大鹿村	1550%	3	1537%	3
長野県	下伊那郡平谷村	1542%	4	1525%	4
熊本県	球磨郡水上村	1115%	5	1103%	5
青森県	下北郡東通村	976%	6	897%	7
福島県	河沼郡柳津町	941%	7	734%	9
北海道	苫前郡苫前町	934%	8	929%	6
長野県	下水内郡栄村	908%	9	891%	8
群馬県	利根郡片品村	742%	10	733%	10
青森県	上北郡六ケ所村	688%	11	662%	12
宮崎県	児湯郡西米良村	672%	12	669%	11
山梨県	南巨摩郡早川町	662%	13	657%	13
青森県	上北郡横浜町	646%	14	640%	14
宮城県	刈田郡七ケ宿町	642%	15	390%	25
岩手県	九戸郡野田村	584%	16	580%	15
徳島県	名東郡佐那河内村	578%	17	470%	19
高知県	幡多郡大月町	553%	18	500%	18
福島県	南会津郡下郷町	507%	19	502%	16
神奈川県	足柄上郡山北町	503%	20	500%	17

出所:千葉大学倉阪研究室＋認定NPO法人環境エネルギー政策研究所「永続地帯2019年度版報告書（2020年4月）」

全国で186 あるとしている。将来、再生可能エネルギーが安価になり、さらに増えるに従って、将来このような地域が増えてくるだろう。このような地域から地域マイクログリッド化がされ自給していくとともに、余剰電力については、P2G（Power to Gas）などによってエネルギー貯蔵をし、エネルギー輸出国ならぬエネルギー輸出地域となり、地域経済に寄与できる可能性があるのではないだろうか。

　図1-18 に市町村別の再生可能エネルギーの導入ポテンシャルを示す。一方、大都市部や工業地域は、エネルギー需要が大きいことから、エネルギー

図1-18 再生可能エネルギーの導入ポテンシャル（市町村別）

出所:環境省「平成30年版環境・循環型社会・生物多様性白書」

輸入地域となるであろう。今後、地域需要を賄えるだけの再生可能エネルギーポテンシャルがある農村地域などから分散型電源を中心としたマイクログリッド化が始まり、エネルギー需要の大きい地域については、既存の系統電力と一部の街区でのマイクログリッドが共存するような社会になっていくのではないだろうか。

　ただ、今後そのようにエネルギー社会が変化することによるリスクも考えておく必要がある。特に重要な点は、エネルギーセキュリティーの確保である。電力は、日本社会、国民の生活、経済を牽引する最重要インフラである。それらを蔑ろにしたシステムにならないようマイクログリッド内の供給電源を確保したり、セキュリティが確保できる企業に運営を任せるなど、留意が必要である。

2章

デジタル社会の未来像

本章では、少しエネルギーの話から離れて、IoT、AI、ブロックチェーン、5G（第5世代移動通信システム）、自動運転、ナノテクノロジー、ゲノム編集・IPS細胞、量子コンピュータなど、デジタルテクノロジーの急速な進展および普及に伴い、既存の産業構造がどのように変わってきているのか、また、衣食住や働き方など人々のライフスタイルや社会のあり方がどのように変わっていくと考えられるのか、できる限り具体的なイメージを提示していく。

2.1. デジタルテクノロジーの急速な進展および普及に伴う産業構造、社会のあり方の変革

近年、デジタルテクノロジーの急速な進展および普及に伴い、個々の製品やビジネスのみならず産業構造、社会のあり方までもが大きく変わりつつある。

最もわかりやすい例がスマートフォンの登場である。

かつて専用機が当たり前だったデジタルカメラやビデオカメラ、音楽プレーヤー、携帯ゲーム機、地図、手帳、カーナビゲーションなどは、2007年に登場したスマートフォンが2013年には世界出荷台数は10億台を超えたことにより、わずか10数年で大幅にシェアを奪われている。例えば、デジタルカメラの2019年の国内向け出荷台数は約250万台と前年から10.7%減少しており、ピークだった2008年の約1111万台と比べ、4分の1以下にまで落ち込んでいる。

その影響は、家庭の消費支出に顕著に現れている。総務省「通信利用動向調査」および「家計調査」によれば、2010年のスマートフォン所有率はわずか9.7%だったが、2011年以降は急速に伸び、2015年には70%を超えたことにより、2019年の「移動電話通信料」や「インターネット接続料」は、2012年に比べて約2〜3割増加した。一方、ビデオカメラやカメラは、約6割減と大幅に支出が減り、書籍・雑誌・新聞、テレビゲーム機や音楽・映像ソフトなども2〜3割程度減少している。

スマートフォンやクラウドなどを活用したP2Pビジネスのスタートアッ

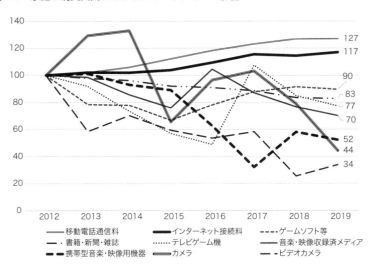

図2-1 家庭の消費支出におけるスマートフォンの影響

凡例:
─── 移動電話通信料
━━━ インターネット接続料
┄┄┄ ゲームソフト等
─ ─ 書籍・新聞・雑誌
∙∙∙∙∙ テレビゲーム機
─── 音楽・映像収録済メディア
━ ━ 携帯型音楽・映像用機器
∙∙∙∙∙ カメラ
─ ─ ビデオカメラ

グラフ右端の値:127、117、90、83、77、70、52、44、34

出所：総務省「通信利用動向調査」および「家計調査」を基にみずほリサーチ&テクノロジーズ作成

プが短期間で急速にユーザーを増やし、既存の産業構造に大きな影響を与えるケースも増えている。旅先で泊まりたい人と、個人が所有する物件をマッチングする民泊仲介サイトの Airbnb は、2008 年の創業初年度に取り扱った物件はわずか 51 件だったが、10 年足らずで大きく成長し、2019 年には全世界で登録されている物件は 600 万件以上、一晩での宿泊者数は 400 万人を突破したと発表しており、既存の宿泊業界の価格戦略に大きな影響を与えている。

　時間に余裕のある自家用車所有のドライバーとタクシーより手軽快適かつ安価にクルマで移動したいユーザーを UI/UX に優れたスマートフォンアプリでマッチングし、相乗りによる移動を提供している Uber は、現在 60 カ国以上の 700 以上の都市で年間 500 億件以上のマッチングを行い、毎日 1800 万人が利用している。Uber（2009 年創業）は設立して 10 年経っていないにも関わらず、時価総額は創業 80 年超のトヨタ自動車の 3 分の 1 に迫る約 8 兆円に達している。筆者が 2019 年 9 月米国出張時にサンフランシスコ市内と空港の移動において、往路をタクシー、復路を Uber のライバル配

図2-2　IoTデータ×クラウド/ブロックチェーン×AI⇒ロボティクスなどによる自動実行

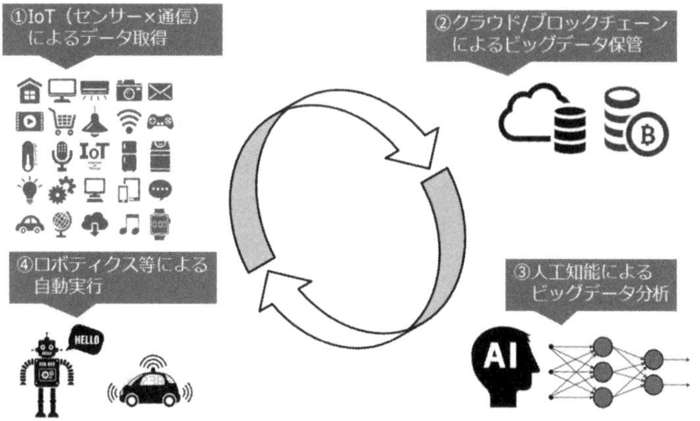

出所：みずほリサーチ＆テクノロジーズ作成

車サービスLyftを用いた際、タクシーは筆者の発音が悪いこともあり、目的地のホテル名を伝えて運転手が理解するまで時間を要したが、Lyftはアプリで設定した国際線ターミナルにスムーズに向かい、かつ料金も同じルートにも関わらず2分の1程度と安いなど、快適かつ安価なサービスを受けることができた。

　Uberは、日本では法律の関係で配車サービスを提供できておらず、ロンドンでも未承認のドライバーが認可済み運転手のアカウントに自分の写真を貼付して、なりすましでサービスを提供したなどの問題で2019年11月に営業免許を再び取り消されるなど、新たな問題が発生しているが、東南アジアでは、GrabやGO-JEKなど地場のスタートアップは配車サービスのみならず、フードデリバリーをはじめ送金や金融商品の購入、病院の予約を行えるようにするなど、日々の生活を支えるスーパーアプリへと成長しつつある。デジタルテクノロジーを用いて急成長するスタートアップが既存産業や我々の生活を変えつつあることは明らかである。

　近い将来、あらゆるモノにセンサーと通信機能が付与されるようになり、位置や稼働状況、温度などモノの状態や周辺環境に関する情報を収集することが可能となる。例えば、2020年1月、米国ラスベガスで開催された

CES2020 において、P&G が出展した IoT おむつ「Lumi by Pampers」は、HD 解像度のモニタリングカメラとおむつに装着された動作センサーにより、おむつの濡れを検知してアプリに交換が必要なことを通知してくれることに加えて、睡眠時間を把握し、昼寝を含めてグラフ化するなど家族に睡眠パターンをわかりやすく提示してくれるなど、乳児の健康的な成長に必要な情報を提供してくれる。

　調査会社 IDC が 2019 年に発表したレポートよれば、2025 年に IoT デバイス数は 416 億台に達すると予想されている。無数の IoT センサーから集められた膨大なデータは、プライバシー保護やセキュリティ確保に十分に配慮したうえで、物理的な容量の制約がないクラウドや改竄が困難なブロックチェーンに収められるであろう。

　こうした膨大なデータを人手で分析することは極めて困難なことから、近年 AI の活用が急速に伸びている。また、AI での分析結果を基に、ロボットや RPA（ロボティック・プロセス・オートメーション）などロボティクス技術を用いて自動実行することにより、これまで膨大な人手により行われていたさまざまな業務において大幅な省力化の実現が可能となり、かつマーケティングやパーソナライズ化への活用によりサービスの高付加価値化も期待できる。

　こうした状況を踏まえて、日本でも内閣府が第 5 期科学技術基本計画において、我が国が目指すべき未来社会の姿として提唱されたものが「Society 5.0」である。IoT、ロボット、AI、ビッグデータなどの新たな技術をあらゆる産業や社会生活に取り入れてイノベーションを創出し、一人ひとりのニーズに合わせる形で社会的課題を解決する新たな未来社会の姿を提示している。

　一方、こうしたデジタルテクノロジーの急速な進展および普及に伴う新しいビジネスモデルの登場により、今後さまざまな分野において破壊的な変革が進むと想定される。

　例えば、製造分野では、これまで同一品種の大量生産により製造コストを下げるマスプロダクションと、顧客ニーズに合わせてカスタマイズした特注品を生産するパーソナライゼーションはまったく別の製造方法だったが、

図2-3 Society 5.0で実現する社会

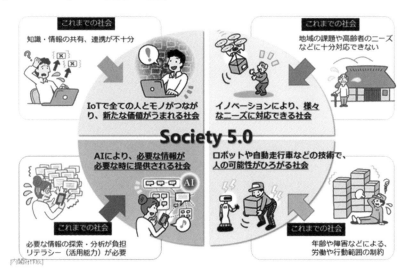

出所：内閣府ホームページ

PCなどに代表されるBTO（Build To Order）からさらに進化し、顧客の好みや体型などに合わせつつ大量生産を実現するというマス・カスタマイゼーションがアパレルなどを中心に普及し始めている。これを支えるのは、製品一つひとつにIDを付与し、各製造ステップで自動認識技術を用いてIDを読み取り、IDに紐づいた顧客ニーズに合わせて細かい仕様を反映して産業用ロボットが製造を行うといった新たな製造方法であり、デジタルテクノロジーの進展によって以前より安価かつ高い精度で実現可能となってきている。また、さまざまな製造設備にもIoTセンサーが付与され、設備の振動や温度、音などのデータを継続的に収集し、データマイニングなどにより異常の検知を行う、稼働時間などを踏まえて部品交換を提案するなど予防保全が可能となっている。

　環境分野では、日中に太陽光発電など再生可能エネルギーにより作られた電気、あるいは深夜の割安な電気を蓄電池に貯蔵し、エネルギー利用の最適化を図ることが可能なスマートハウスも市場規模が拡大しつつある。さらに

図2-4 さまざまな分野における破壊的変革の進展

①スマート工場
・マス カスタマイゼーション
・省エネ、故障予知

②スマートサプライチェーン
・手ぶら決済
・食ロス・返品削減

③フィンテック
・デジタル通貨
・ロボアドバイザー

④スマート交通
・MaaS
・自動運転・配送

⑤スマートエネルギー
・バーチャルパワープラント
・ブロックチェーンP2P取引

⑥スマートハウス
・省エネマネジメント
・IoT家電、ロボット

⑦スマートヘルスケア
・遠隔オンライン診療
・オンライン健康モニタリング

⑧スマート農業
・リモートセンシング
・自動運転農機

出所：みずほリサーチ&テクノロジーズ作成

　最近は、パソコンやテレビに加えて、エアコン、ロボット掃除機などの白物家電や照明なども、スマートフォンを通じて電源のオンオフや設定が行えるほか、AIとの連携により快適かつ省エネな運転を行うなど、ネットワークに接続できる製品が増えてきている。こうした機能を活用して省エネルギーに加えて、見守りや防犯、健康管理など、IoT、AI、ビッグデータ、ロボティクスを活用した新たな利便性・安全性・快適性の提供、EVと連携して車両に貯めた電気を住宅で活用できる「V2H」や、ブロックチェーン技術の活用により、低コストでかつセキュアに個人間で売買を行うP2P電力取引の普及拡大も期待されているところである。

　また、物流分野では、近年ECやCtoCマーケットの拡大により宅配便は年々増加しており、2019年度の取扱個数は43億個を超えた。一方、国土交通調査では、宅配便再配達率は2019年10月現在15.0%に上り、走行距離のうち25%は再配達のために費やされていると考えられている。この課題を解決するため、佐川急便、東京大学、日本データサイエンス研究所は、各家庭に設置されたスマートメーターから取得した電力データにより、AIが在不在を判断し、不在先を回避して配送ルールを自動で生成する「AI活用による不在配送問題の解消」実証実験の2020年度中の実施に向けて2019年

図2-5 農業分野におけるCtoCプラットフォームを用いた新たなサプライチェーン

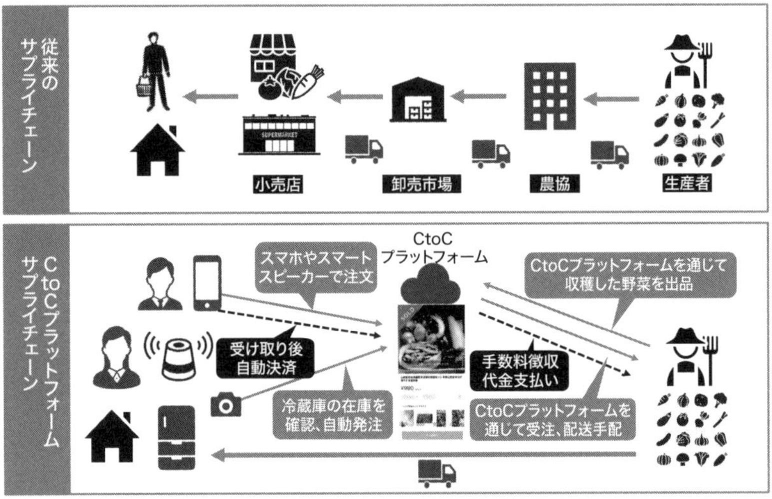

出所：みずほリサーチ&テクノロジーズ作成

10月に共同研究開発をすることに合意した。不在先の判断はAIが行うため各家庭のプライバシーは守られ、かつスマートメーターは2024年に日本全国の世帯に設置される予定のため、実現可能性が高いと期待されている。

　さて近年、日本の農業は、高齢化による農業従事者の減少が大きな課題となっているが、IoTセンサーを用いた温度計測の自動化などによる、生産性・品質向上や衛星画像を用いた土壌特性の分析や生育収量のシミュレーション、ドローンを用いた種子・農薬・肥料の散布など、デジタルテクノロジーの活用が進みつつある。農業のサプライチェーンは、生産者から農協などが集めて卸売市場などを経由して小売店に出荷され、消費者が購入する多段階性が特徴であるが、収穫から消費者の手元に届くまで時間がかかり、マージンや物流費が上乗せされることから生産者の手取り収入が少ないなどの課題がある。一方、不用品などの個人間売買から始まったCtoCプラットフォームにおいて、近年、農家が生産した野菜の流通が急速に増えている。農家は、味は変わらないのに形が歪んでいる、あるいは大きすぎる、小さすぎるといった理由により農協に卸すことのできない規格外の野菜や、研究を重ねて

開発した高品質な野菜を CtoC プラットフォームに出品、消費者は LINE、Instagram、Facebook、Twitter など、SNS を通じて情報収集を行い、メルカリやポケットマルシェなどのサービスを通じて生産者と直接つながって購入し、宅配便を通じて直接消費者に配送される。今後は、野菜室に設置されたカメラより冷蔵庫内の在庫を把握し、スマホや AI スピーカーを通じて消費者にレコメンドを行うことによる自動発注など、CtoC プラットフォームを活用した新たなサプライチェーンがさらに広がっていくことが想定される。

2.2. ビジネスの顧客接点は、カスタマイズ×OMO へ

前述の「IoT × AI ×クラウド / ブロックチェーン⇒ロボティクスなどによる自動実行」の進展などにより、今後あらゆるビジネスの顧客接点は、これまでの"マス×リアル"から"カスタマイズ× OMO（Online Merges with Offline）"へと大きく変化していくと考えられる。

例えば、従来情報の入手は、TV やラジオ、新聞、書籍などいわゆるマス

図2-6　あらゆるビジネスの顧客接点が、
　　　　「マス×リアル」から「カスタマイズ×OMO」へ

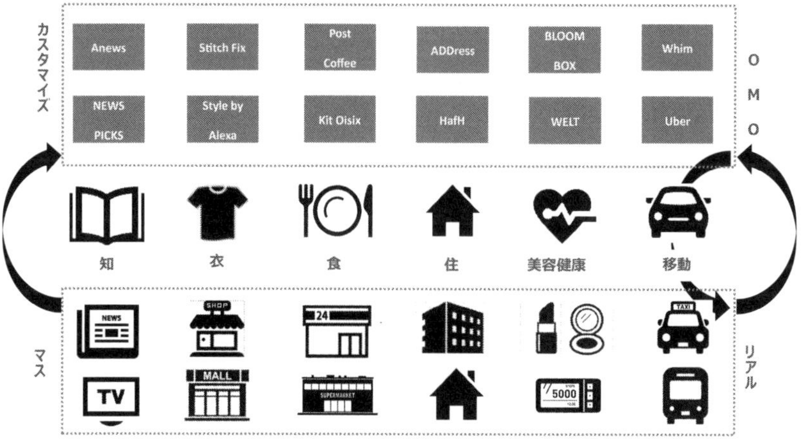

出所：みずほリサーチ&テクノロジーズ作成

メディアが主流であったが、近年はネット検索に加え、ハッシュタグを活用したSNS検索や、関心領域やキーワードに沿ってキュレーション※4を行い、さまざまな立場の識者コメントから多角的な視点が得られるニュースアプリも注目を集めている。

また、中国のアリババグループは、中核戦略として「ニューリテール」を提唱しており、モバイルインターネットとデータテクノロジーを用いることで、小売業のデジタルトランスフォーメーションを実現し、オンラインとオフラインを融合させた新しい消費体験を提供している。

例えば、アリババグループが運営しているスーパー「盒馬（フーマー）鮮生」では、通常の食品スーパーとしての店舗販売に加えて、店頭で購入したエビ・カニなどの生鮮品をその場で調理してもらい、その場で食べられるグローサラント（グロッサリーとレストランを合わせた造語）を併設しているほか、店舗3キロ以内であればオンラインで注文された生鮮を含む食品が30分以内に自宅に届けられるネットスーパーサービスも提供するなど、リアル店舗などのオフラインとECなどのオンラインが融合した新しいビジネスモデルを確立している。

OMOの最も代表的なビジネスモデルは、アマゾンである。彼らのビジネスは、1994年創業時、書籍のネット販売から始まったが、現在では生鮮を含むあらゆる商品を取り扱っている。さらに、2016年12月にレジなしコンビニのAmazon Goを出店（2019年末現在18店舗、将来は3000店舗まで拡大するとの報道あり）、2017年8月には137億ドル（約1兆5,000億円）で高級スーパーマーケット・チェーンのホールフーズを買収するなど、リアルビジネスにも進出している。

既存の小売業が把握しているデータは、主にPOSレジの販売データを通じて、どの商品がどれくらい売れたかまでであり、誰が来店し、何を購入したかはわからなかった。ポイントカードを導入した小売業は、購入した顧客の属性（性別・年齢・居住地・家族構成など）と購入履歴を把握できるが、ポイントカードを利用しない顧客も多いため、来店客全員の属性把握は困難である。

一方、Amazonのネット販売の場合、購入客全員が属性情報を登録してア

カウントを作成しているため、誰が、いつ、どの商品を検索し、どの商品と比較したのか、どのコメントを参照したのか、どの商品をカートに入れ、実際に購入したのか、あるいは途中で止めて購入しなかったのか、購入までに要した時間はどの程度か、どのようなコメントを付けたのか、IP アドレスや時間帯などを通じて家の PC からのアクセスなのか、通勤通学中にスマートフォンからなのか、といった詳細なデータを収集していると考えられる。

　さらに Amazon Go では、リアル店舗においてネット販売と同様のデータ活用が行われていると推定される。

　筆者は、2019 年 1 月と同年 9 月の 2 度、サンフランシスコの Amazon Go を訪問した。

　店舗には、入口のゲート上部のスキャナにアプリで表示した QR コードをかざすことにより入店する。店内でどのルートを歩いて、どの棚の前で立ち止まり、どの商品を手に取ったのか、棚に戻したのか、あるいは持って外に出たのか（＝購入）については、店内に設置された膨大な数のカメラやセンサーなどでトレースされており、ゲートの外に出た時点で自動的に決済され、10 数分前後でアプリに電子レシートが届く。電子レシートには、自分の購入した商品の名称、パッケージなどの写真、値段が記載され、何を購入し

図2-7　既存の小売業とAmazonにおけるデータ活用の違い

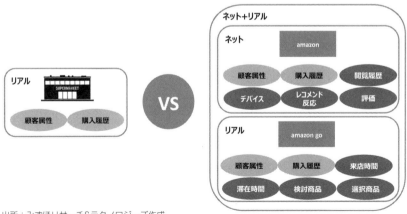

出所：みずほリサーチ＆テクノロジーズ作成

たのか簡単に確認できるほか、日付のみならず店内の滞在時間（例：your last trip time was 7m 12s）も記されている。

　今後、消費者の趣味嗜好の多様化やシェアリングやサブスクリプションなど所有から利用への流れが加速するなか、従来のようなマス向けに大量生産を行うビジネスモデルは徐々に縮小していき、一人ひとりのニーズに合わせた仕様に基づいて個別の受注生産について、IoTやロボティクスなどと組み合わせることにより、大量生産と変わらない効率性で生産が可能なマス・カスタマイゼーションが主流になると考えられる。

　米国のスタートアップ企業、care/of は、サプリメントに対する知識や摂取経験、ニーズ、年齢など簡単な質問に回答するだけで自分に合ったビタミンなどを配合したパウダー状のサプリメントを、5〜25ドル/月程度で提供、商品のみならず想定される効能、さらには医学的な研究論文の情報も合わせて提供するなど、消費者のリテラシー向上にも注力している。

　またスマートベルト「WELT」は、見た目は普通のベルトだが、バックルとストラップの中に加速度センサーなど各種センサーが搭載されており、消費カロリーや歩数、座っていた時間などを計測してスマートフォンのアプリに表示するとともに、登録した体型とデータの分析結果からユーザーに合わせたオーダーメイドの目標値、具体的には適切なウェストサイズ、歩数などを設定し、「2時間以上座っています。軽くお散歩でもいかがですか」と言った提案をユーザーにプッシュで通知するなど、カスタマイズされた健康管理サービスを提供している。

　さて近年は、我々のあらゆる生活やビジネスに関わる移動交通分野においても MaaS（Mobility as a Service）[5] が注目されている。

　我が国では、昨今、少子高齢化などの社会情勢の変化によって地方公共交通事業者は厳しい経営環境にあり、一般路線バス事業者の約6割、地域鉄道事業者の約7割が赤字事業者といった状況にある。加えて、バス・タクシー運転手の高齢化や人手不足も深刻化しており、地方部では廃止になるバス路線も増えつつあり、地域住民の足の維持・確保への対策が求められている。

　それらの課題の解決のひとつの手段として、MaaS と呼ばれる新たなモビリティサービスが台頭しつつある。MaaS は、スマートフォンや PC などで

図2-8 MaaSの概要

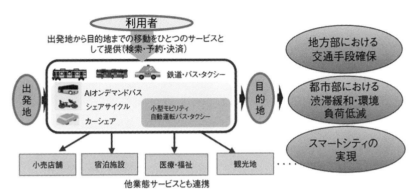

出所：国土交通省「交通政策白書（令和元年版）」

利用可能なアプリケーションなどにより、地域住民や旅行者一人ひとりのトリップ単位での移動ニーズに対応して、複数の公共交通や、それ以外の移動サービスを最適に組み合わせて、検索・予約・決済などを一括で行うサービスである。

　MaaS の実現により、交通手段の選択肢拡大や、出発地から目的地までのワンストップでシームレスなサービス提供を通じた利用者の利便性向上など、地域や観光地の移動手段の確保・充実に加え、高齢者など移動困難者の移動手段の確保や、交通安全の向上などに資することが期待される。

　また、MaaS により人の移動が活発化することで、中心市街地をはじめとする地域の活性化につながるとともに、交通手段を自家用車から公共交通機関に誘導するなど人の移動の効率化により、都市部における渋滞の緩和や駐車場の削減など空間利用の効率化につながり、環境負荷の低減やスマートシティの実現に資することも期待されている。さらには、法制度の改正が前提とはなるが、過疎地域での貨客混載など物流の効率化への寄与も期待されている。

2.3. 「住む」の再定義による新たな住宅サービス

図2-9 「暮らすを自由に」新たな住宅サービスNOW ROOM

出所：NOW ROOMホームページ

　図2-9は、2019年7月設立のスタートアップ企業、NOW　ROOMが提供する空室の住居・ホテルと住まいを探す人をつなぐサービスの謳い文句である。WEBからホテル予約のような簡潔さで検索ができ、契約もオンライン上で完結する。さらに、入居者審査が不要、敷金・礼金、仲介手数料などの初期費用は無料、水道光熱費とWi-Fi利用料も家賃・共益費に含まれており、家具・家電付き物件も選べる。

　家具付きのサービスアパートメントやマンスリーマンションは、これまでも存在していたが、主に外国から日本に赴任した駐在員、単身赴任者や長期出張者がターゲットになっており、通常の賃貸と同じく、不動産会社への問い合わせ、申込書への記入に加えて、家具や家電が備え付けてあることから、保証人や入居費用の前払いが必要など、誰もが気軽に利用できるものではなかった。

　一方、NOW　ROOMは、スマートフォンひとつですべての手続きが完了し、最短で翌日から入居が可能である。水道・電気・ガス・Wi-Fiの契約は不要であり、家具・家電付き物件であれば、食器類、寝具、洗濯機、電子レンジ、冷蔵庫、掃除機、ローテーブル、カーテンなどを完備しており、利用者は、出張や旅行のように着替えなど身の回りの品を持ち運ぶだけで引っ越しが完了する。

表2-1　同一物件によるNOW ROOMと大手賃貸サービスでの賃貸条件の違い

物件名 (最寄り駅)	間取り 専有面積	NOW ROOM			大手賃貸サービス		
		賃料+ 共益費	初期費用	保証料	賃料+ 共益費	初期費用	保証料
賃貸マンションA (西新宿駅)	ワンルーム 15㎡	79,000円	なし	なし	63,000円	16,500円	なし
賃貸マンションB (天満橋駅)	ワンルーム 23㎡	66,000円	なし	なし	56,000円	16,500円	初回35,000円 年10,000円

出所：NOW ROOMおよび不動産情報サイトを参照し、みずほリサーチ&テクノロジーズ試算 (2021年3月22日)

　同じマンションの賃貸条件を比較すると、月々の支払いはNOW ROOMは1万〜1.6万円高くなっている。ただし、NOW ROOMの賃料には、水道光熱費およびWi-Fi利用料約15,000円が含まれており、主要な家具や家電も設置済みで無料で使えることから、購入費用、あるいは引っ越し費用を削減することができる。

2.4.　モノのサービス化の流れが住宅に波及した場合のライフスタイルとは

　近年、若年層を中心にクルマや衣服などリアルなモノのサービス化が加速しているが、さらに住宅でもニーズに合わせて気軽に住み替える流れが大きくなれば、家具や家電もわざわざ購入するのではなく、あらかじめ住宅に設置されたものを使う、あるいは好みに合わせてレンタルするようになるだろう。

　一人暮らしの若者であれば、普段は学校や職場に近い住宅に住みつつ、気分転換を図りたいときは同じ趣味の人が集まるシェアハウスに帰り、週末は友人達と郊外の別荘に遊びに行く、という生活がスマートフォンひとつで気軽に予約・利用できるようになる。

　こうした住宅のサブスク化[6]において、デジタルテクノロジーは、どのような役割を果たすのだろうか。

　例えば、ベッドにはセンサーが備え付けられており、睡眠時間や眠りの深さなどを測定し、アプリなどを通じて健康に関するアドバイスを受けられる。

図2-10 モノのサービス化の流れが住宅に波及した場合のライフスタイルのイメージ

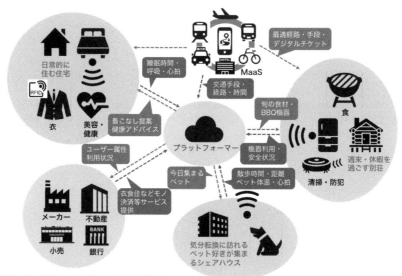

出所：みずほリサーチ＆テクノロジーズ作成

　衣服には RFID（radio frequency identifier）が装着されており、クローゼットに設置されたアンテナから在庫を把握し、スケジュール（仕事や会食など）や天気、流行などを勘案した着こなしが提案されるだろう。また、ペット好きが集まるシェアハウスでは、犬や猫の首輪にセンサーが装着されており、体温や心拍、散歩の時間や距離などから、適切な体調管理が行われ、いつも元気なペットと一緒な時間を過ごせる。

　郊外の別荘に行く移動手段は、人数や好みに合わせて移動手段が提案され、カーシェアならスマートフォンの IC チップが鍵となり、公共交通機関であればデジタルチケットが配信され、スムーズな移動が可能となる。バーベキューの食材や飲み物もあらかじめ冷蔵庫に届けられており、画像認識やRFID などの自動認識技術によって使った分だけ課金される。掃除や防犯はロボットが担当し、清潔かつ安全な環境が提供される、といったような暮らしが考えられる。

2.5. 住宅のサブスク化による新たなビジネスモデル

　従来の売り切り販売モデルでは、自動車であればディーラー、家電であれば地域販売店や家電量販店など小売店が販売チャネルの中心となっているため、メーカーがユーザーから直接データを取得することは、技術的には可能でも中抜きにされる小売店側には抵抗感があった。また、ユーザーにとっても自分が所有権を持つ製品からデータを提供することは、それに見合うメリットを得られなければ必然性は感じられず、自動車や家電をインターネットに常時接続して提供するサービスは、本田技研工業が提供しているインターナビ「リンクアップフリー」[※7]など一部を除き、あまり広がっていなかった。

　一方、サブスクリプションモデルでは、製品の所有権はサービス提供側にあるため、課金に必要な利用状況や盗難防止のための位置などのデータ提供については、プライバシー保護への配慮などセキュアな情報管理が行われることが大前提ではあるが、ユーザーも事前承認のうえ、サービスを利用している。

　サブスク化された住宅に設置された、さまざまな IoT センサーから集められたデータは、情報銀行など改竄が困難なブロックチェーンに格納される。また、収集されたデータは、サービス提供のためだけではなく、プライバシーに配慮して匿名化・統計化された状態でプラットフォーマーからメーカーやサービス提供者にフィードバックされ、売り切り販売モデルでは困難だった利用者属性、稼働状況などの把握が可能となり、新たな製品・サービスの開発に有効に活用される。その結果、ユーザーは、より魅力的な製品・サービスを安価に利用できるなど、エコシステムが形成される可能性がある。

　しかし、住宅のサブスク化による新たなビジネスモデルは、ひとつの企業がすべてを担うことは困難である。顧客接点を握り、サービス提供窓口を担うプラットフォーマー、不動産業者、サブスクリプション・MaaS などのサービス提供者、製品をつくるメーカー、製品を提供するリース事業者、IoT センサーから収集されたデータなどを取り扱う情報銀行など、提供するサービスの形態・内容・地域などに合わせてコンソーシアムを形成し、共同でサー

ビスを提供するものが主流となる。

　そのため、この新しいマーケットを開拓するためには、自社の強みを踏まえつつパートナー企業と連携し、①申込みから利用まで、手続きや運用はすべてスマホ・PC でワンストップ、②すぐに使える、③オープンな料金体系、④魅力的な付加サービスといった、ユーザーにこれまでにない「住体験」を提供することが重要となるであろう。

2.6.　デジタル社会の未来像

　前項までデジタルテクノロジーの急速な進展および普及に伴う産業構造、社会のあり方の変革について、できる限り具体的なイメージを提示してきた。

　デジタル社会においては、スマートフォンや IoT デバイス、キャッシュレスや MaaS の利用などを通じて収集した顧客データを、属性のみならず時間や場所、感情や体調などを考慮しつつ、かつプライバシーに配慮したうえで、欲しいときに欲しい場所で欲しいモノやサービスを、すばやくダイレクトにつながるオンライン（デジタル）と親密な対面コミュニケーションによるオフライン（アナログ）を巧みに組み合わせて提供することが重要になってくる。

　そのため、IT（情報技術）企業に限らず、あらゆるプレーヤーが業種や国境の垣根を越えて、デジタルテクノロジーを活用した既存ビジネスの変革や新規ビジネスの創出に果敢にチャレンジしていくことが不可欠となるだろう。

　もちろん短期間ですべての既存ビジネスが新しいビジネスモデルに置き換えられてしまったり、既存ユーザーが新しいサービスに乗り換える訳ではないが、5 〜 10 年の中長期的スパンにおいては、IoT、AI、ブロックチェーン、5G、自動運転、ナノテクノロジー、ゲノム編集・IPS 細胞、量子コンピュータなど、現段階では未成熟のテクノロジーが社会インフラとして根付いていき、小売や交通など、あらゆる産業分野において、これまで以上に激しい変革が起きると想定される。

今ほど変化のペースが速い時代は過去になかった。
　だが今後、今ほど変化が遅い時代も二度とこないだろう。
（2018 年 1 月、ダボス会議にてカナダのトルドー首相）

3章

章

デジタル化により実現する
分散型エネルギー社会

デジタル化は、エネルギー社会を大きく変革するキーワードとなる。1章では、エネルギー社会が分散型になっていくということを述べたが、この変化は、単に電源の技術革新だけではなく、それらをデジタルで制御していく技術がなくては実現できない。分散型エネルギー社会は、分散型電源における革新とデジタル技術の普及があって初めてシステムとして実現する。

本章では、電力システムがデジタル化によって、どのように変わるかを議論したのち、2章で述べたデジタル化がもたらす産業構造、社会のあり方の変革をヒントに、今後どのようなエネルギービジネスが展開される可能性があるかを議論する。最後にデジタル化によって得られる産物である「エネルギーデータ」が、どのようにエネルギービジネスを変化させ、社会や我々の生活に寄与する可能性があるかを述べたい。

3.1. デジタルで加速する電力システムの変化

本項では、まず「デジタル化」によって、これまでの電力システムが今後どのように変化していく可能性があるのかを説明する。1章でも示したが、図3-1が、筆者が考える今後の電力システムの推移である。この推移は、単に分散型電源が増加するという要因だけでは起こらず、デジタル化が進展して初めて変革が実現できる。

1章で説明した電力システムの各モデルについて詳しくみていこう。

(1) 集中型電源を主としたシステム（従来電力システム）

これまでの電力システムは、火力発電など大規模集中型電源を主としており、電気は、集中型電源から送配電系統を通じて、各需要家に一方的に流れていた。また、電気を作る「発電事業者」、電気を輸送する「送配電事業者」、電気を販売する「小売電気事業者」がひとつの電力会社として一体として運営されていたことも特徴である。系統で停電が起こらないように、電力会社は系統の周波数を監視しており、系統の周波数が減ったら、電力会社が運転している発電所の出力を上げる、系統の周波数が増えたら運転している発電所の出力を下げるなどして、系統の安定化を維持してきた。この系統運用に

図3-1 電力システムの推移

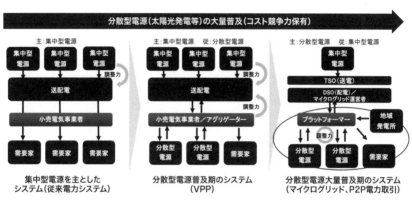

出所：みずほリサーチ&テクノロジーズ作成（再掲、図1-13）

際しては、各需要家がいくら電気を使っているかなどは特段重要ではなく、それを詳細に把握する必要性もなかった。系統運用における需給調整では、エリアにおける発電量と需要量を把握し、周波数を監視していればよかったのである。

　また、需要家において「スマートメーター」が普及する前は、電力会社は１カ月ごとに各需要家に設置しているアナログのメーターを検針員によって確認し、１カ月前との電気使用量との差分をとることで毎月の電気料金を計算して需要家に請求していた。これがスマートメーターにより、30分ごとの需要量（系統からの買電電力量）をオンラインで把握することが可能となり、それによって各需要家の需要量を遠隔で自動的に時系列に把握することが可能となっている。スマートメーターが普及すれば、これらスマートメーターからのデータによって個々の需要家の需要量を積み上げることで、より正確な需要量の把握ができる。今は30分ごとの電力量データであるが、2024年度以降に順次導入される次世代のスマートメーターでは、必要に応じてよりリアルタイムに近いデータを計測することができるようになる見込みだ。これらの需要データと需要家における属性情報や天気などの環境情報がわかれば、情報を組み合わせることでAIによる需要予測なども可能にな

るかもしれない。需要予測が精度高く行われれば、それらのデータは電力システムにおけるより効率的な需給調整に寄与できるようになる可能性もある。

（2）分散型電源普及期のシステム（VPP）

　分散型電源が導入され始めると、これまで集中型電源から系統を通じて、各需要家に一方的に流れていた電気が、需要家に設置してある分散型電源から系統に逆方向へ流れ（逆潮流）、電力の流れが双方向化するケースが増えてくる。また、2020年からの発送電分離により、発電事業者と送配電事業者が法的に分離され異なる企業となっており、送配電事業者の責務である系統の安定化に必要な需給調整力を、他社の発電事業者から調達する必要が出てきている。また分散型電源による系統への逆潮流が発生することから、その量が増加した場合には、さらに系統の安定化が複雑となってくる。

　この状況を踏まえ、図3-2に示すように分散型電源を「アグリゲーター」※8という新たな事業者が仮想的にひとつの電源として取りまとめ、通常の発電所と同様に、卸電力取引市場や需給調整市場、容量市場に供給していく新たなモデルであるVPP（Virtual Power Plant）が実証されている。

図3-2　VPP事業のイメージ

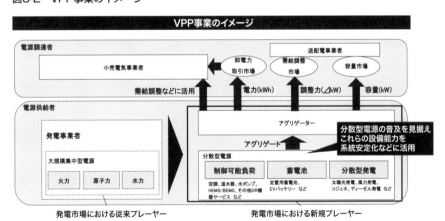

出所：みずほリサーチ&テクノロジーズ作成

表 3-1 に VPP の各用途と主な取引主体、内容を示す。市場取引は、従来の電力（kWh）を取引する卸電力市場だけではなく、需給調整などに使用する調整力（⊿kw）を取引する需給調整市場が出現する。需給調整市場は、国内では 2021 年 4 月から開設されている。

　電力取引には、大きく「ゲートクローズ前」と「ゲートクローズ後」という時間概念がある。ゲートクローズ後は、すべての小売電気事業者と発電事業者の電力取引が終わったあとのことで、我が国では実需給の 30 分前となる。各事業者はゲートクローズ前までに、自ら計画した需要量/発電量と実際の需要量/発電量との違い（インバランス）を調整することになる。一方、ゲートクローズ前までに事業者の努力だけではインバランスが調整できなかったり、実需給までの最後の 30 分（ゲートクローズ後）に電源の不具合が起きたりして、結果的に計画どおり需給バランスが達成できそうにない場合、最終的には送配電事業者が責任をもって、需給調整市場において契約している「調整力」に指令を出すことになる。

　VPP は、ゲートクローズ前においては卸電力市場を通じて小売電気事業者や発電事業者の「インバランス調整」として、ゲートクローズ後においては需給調整力市場を通じて、送配電事業者向けの「調整力」として提供されることになる。

　また、この 2 つの市場に加えて、容量市場にも VPP は参加できることになっている。容量市場は、国全体の供給力を確保することを目的として、発電することができる能力である「容量」の価値を認めて取引する市場であり、2020 年度から開設されている。この市場が創設された背景にも分散型電源の台頭がある。具体的には、発送電分離がされ、発電事業者が系統の安定化を考慮せずに発電事業の経済性のみの観点で発電所に投資するなか、太陽光発電などの分散型電源の台頭により、火力発電など従来の集中型発電所の稼働率が下がり（限界費用の低い太陽光発電などから稼働）売電収入が低下、結果として投資効率が下がったり、将来の投資回収の予見性がなくなったりする。そうすると、そのような発電所への投資が少なくなり、新設や更新がなくなる。しかしながら、すべて分散型電源に頼った場合、先ほどの「調整力」が少なくなり、系統の安定化が阻害される可能性がある。この対応とし

表3-1　VPPの用途と価値

用途	主な取引主体	内容
卸電力市場 （kWh価値取引）	小売電気事業者	小売電気事業者や発電事業者のインバランスにVPPを活用するもの。
需給調整市場 （⊿kW価値取引）	送配電事業者	送配電事業者がゲートクローズ後のインバランスを調整するためにVPPを活用するもの。
容量市場 （kW価値取引）	市場管理者 （広域機関など）	国内で必要な発電設備容量（kW）にVPPが寄与するもの。

出所：みずほリサーチ＆テクノロジーズ作成

て容量市場が創設されたのである。

　VPP が実現することの重要な点として、ただ単に分散型電源を取りまとめて出力を制御するだけではなく、「デマンドレスポンス」という考え方がある。インバランスは、系統における時間断面での電力の「需要」と「供給」を一致させることであり、通常は、需要に対して電源からの「供給」を変動させて一致させるというのが一般的な考え方である。一方、デマンドレスポンスでは、「供給」に対して「需要」を変動させて一致させる。需要家側にIoT を導入し、需要量自体を遠隔で制御できるようになって初めて効率的に実現できる。図3-3にデマンドレスポンスのイメージを示す。特に需要がピークになるピーク需要の季節・時間帯などに、そのときのためだけに使用する火力発電の容量を空けておいて供給するのではなく、需要を下げて需給一致

図3-3　デマンドレスポンスのイメージ

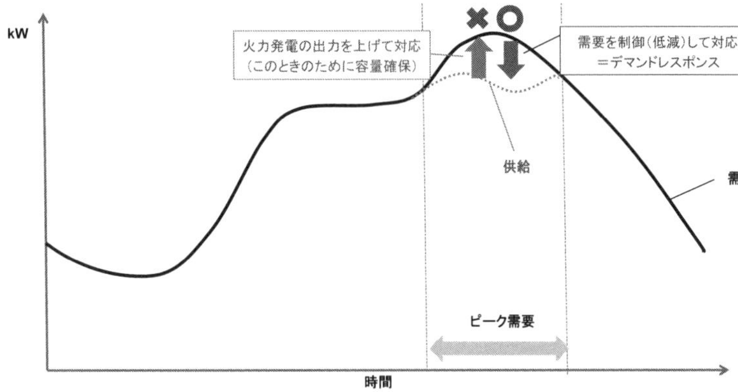

出所：みずほリサーチ＆テクノロジーズ作成

をすることで、ピーク時だけに必要な火力発電等の容量への投資を回避し、電力システム全体としての効率化につながる可能性がある。

　図 3-4 に、経済産業省の VPP 構築事業における各実証で検討されている需給調整市場用の運用システムイメージを示す。送配電事業者が運営している中央給電指令所は、ある時間にどれだけの需要量 / 供給量を調達したいかを指示する。統合サーバーおよびリソースサーバーは中央給電指令所からの指示を受け、各リソース（電源など）の需要量、供給量計画を作成し、指示を出す。これらのやりとりは「OpenADR」という規格によって実施され、家庭用のリソースはゲートウェイを通じて ECHONET Lite によって制御し、指示されたとおりの需要低減、供給を実施する。リソースの一つひとつには、IoT が導入されており、アグリゲーターから出した指令に従って、リソースを制御することで、あたかもひとつの大きな電源として機能させるものであり、このモデルは、デジタル化なくしては実現ができない。

　なお、国内における需給調整市場は、表 3-2 に示すように 5 種類の市場商品区分が想定されており、それぞれについて応動時間、継続時間、指令間隔、監視間隔などの技術的要件が決められている。これらの市場には、火力発電などの大規模発電が参加するほか、蓄電池や小規模分散型電源を束ねた VPP も参加することが想定されている。

　また、調整力で対応する事象を表 3-3 に示す。調整力は、需要予測誤差、再生可能エネルギー予測誤差、時間内変動、電源脱落の 4 つの事象に対応している。これら系統の安定に関わる 4 つの事象に対応する調整力を、送配電事業者が需給調整市場から調達することになる（再生可能エネルギー予測誤差は、FIT 電源の場合、送配電事業者が対応調整力を調達する必要があるが、卒 FIT 電源や FIT なしの電源の場合、小売電気事業者や発電事業者が対応調整力を調達することになる）。

　このうち、再生可能エネルギーが今後さらに増えていくにつれて、再生可能エネルギー予測誤差が大きくなれば調整力の必要性が高まるだろう。もちろん再生可能エネルギーの増加による系統不安定化に対して、調整量を増やして対応するだけではなく、細かい時間やエリアでの天気予報の精度向上など、再生可能エネルギー予測誤差自体を少なくするための技術開発も進めら

図3-4 VPP運用システムイメージ

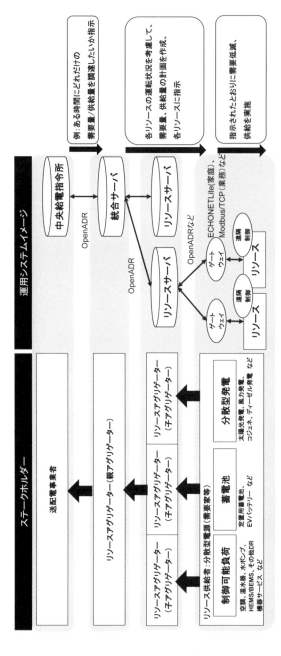

出所：みずほリサーチ＆テクノロジーズ作成

れている。

　なお、これらの調整力はこれまで公開された「市場」において取引がされていなかっただけで、発電部門と送配電部門が同一の会社であった発送電分離前は、電力会社などが保有している電源の一部を調整力として使用し、「アンシラリーサービス」と呼ばれていた。もちろん当時よりも再生可能エネルギーが増加しており、調整力はより重要な電源となっている。

　VPPに活用される電源として今後期待されているひとつに蓄電池がある。今後、FIT制度での住宅用の余剰電力の買取価格が下がり、さらに蓄電池価格が下がれば、太陽光発電の導入とともに、太陽光発電の余剰電力を系統に逆潮流させるのではなく、自家消費するために使用する住宅用蓄電池の普及が進む。また、近年災害も増えており、公共施設や業務施設などに停電回避、BCP（事業継続計画）対応としての蓄電池導入も進むであろう。これまで蓄電池は、導入した需要家内でしか活用できなかったが、VPPの仕組みが

表3-2　需給調整市場商品区分

	一次調整力	二次調整力①	二次調整力②	三次調整力①	三次調整力②
英呼称	Frequency Containment Reserve (FCR)	Synchronized Frequency Restoration Reserve (S-FRR)	Frequency Restoration Reserve (FRR)	Replacement Reserve (RR)	Replacement Reserve-for FIT (RR-FIT)
指令・制御	オフライン（自端制御）	オンライン（LFC信号）	オンライン（EDC信号）	オンライン（EDC信号）	オンライン
監視	オンライン（一部オフラインも可※2）	オンライン	オンライン	オンライン	オンライン
回線	専用線※1（監視がオフラインの場合は不要）	専用線※1	専用線※1	専用線 または 簡易指令システム	専用線 または 簡易指令システム
応動時間	10秒以内	5分以内	5分以内	15分以内※3	45分以内
継続時間	5分以上※3	30分以上	30分以上	商品ブロック時間（3時間）	商品ブロック時間（3時間）
並列要否	必須	必須	任意	任意	任意
指令間隔	－（自端制御）	0.5～数十秒※4	数秒～数分※4	専用線：数秒～数分 簡易指令システム：5分※6	30分
監視間隔	1～数秒※2	1～5秒程度※4	1～5秒程度※4	専用線：1～5秒程度 簡易指令システム：1分	1～30分※5
供出可能量（入札量上限）	10秒以内に出力変化可能な量（機器性能上のGF幅を上限）	5分以内に出力変化可能な量（機器性能上のLFC幅を上限）	5分以内に出力変化可能な量（オンラインで調整可能な幅を上限）	15分以内に出力変化可能な量（オンラインで調整可能な幅を上限）	45分以内に出力変化可能な量（オンライン（簡易指令システムも含む）で調整可能な幅を上限）
最低入札量	5MW（監視がオフラインの場合は1MW）	5MW※1,4	5MW※1,4	専用線：5MW 簡易指令システム：1MW	専用線：5MW 簡易指令システム：1MW
刻み幅（入札単位）	1kW	1kW	1kW	1kW	1kW
上げ下げ区分	上げ／下げ	上げ／下げ	上げ／下げ	上げ／下げ	上げ／下げ

※1 簡易指令システムと中給システムの接続可否について、サイバーセキュリティの観点から国で検討中のため、これを踏まえて改めて検討。
※2 事後に数値データを提供する必要有り（データの取得方法、提供方法については今後検討）。
※3 沖縄エリアはエリア固有事情を踏まえて個別に設定。
※4 中給システムと簡易指令システムの接続が可能となった場合においても、監視の通信プロトコルや監視間隔等については、別途検討が必要。
※5 30分を super 事業者が収集している周期と合わせることも許容。
※6 簡易指令システムの指令間隔は広域需給調整システムの計算周期となるため当面は15分。

出所：電力広域的運営推進機関 調整力及び需給バランス評価等に関する委員会「第18回需給調整市場検討小委員会・資料4（2020年8月7日）」

表3-3　調整力で対応する事象

事象	内容
需要予測誤差	小売電気事業者は、需要を予測することで需要計画を作成しているが、需要実績と完全に一致する計画を策定することができないため、ゲートクローズ後に予測と実績に差が生じる。これを「予測誤差」と呼び、調整力を用いることで需要と供給を一致させている。
再生可能エネルギー予測誤差	FIT特例制度により実需給となる日の前々日などに想定された再生可能エネルギー出力予測値と実績値との差についても調整力を用いて対応している。
時間内変動	実際の需要は時々刻々と変化し続けており、再生可能エネルギーの出力も時々刻々と変化している。仮に、予測と実績が30分平均値で一致していたとしても、30分より短い時間では細かな変動が生じているこれを「時間内変動」と呼び、こうした事象についても調整力を用いて需要と供給を一致させている。
電源脱落	電源が予期せぬトラブルなどで停止すること（＝電源脱落）があり、このような予測不能なトラブルで生じた需要と供給の差に対しても調整力で対応する。

出所：電力広域的運営推進機関「第11回需給調整市場検討小委員会・資料4-2-2（参考資料）需給調整市場について（2019年4月25日）」

　できることで、需要家は所有している蓄電池の蓄放電機能を、他の需要家や小売電気事業者および送配電事業者とシェアして対価を得ることが可能となる。いわゆる「シェアリング」であり、ひとつの需要家が使うだけでなく、電力システム全体で使う機会を増やすことで、蓄電池の稼ぐ手段を増やし価値を高めることが可能となる。

　家庭用蓄電池を使用したVPPの例としてドイツのSonnenがある。Sonnenは、蓄電池を販売する企業であるが、蓄電池の「シェアリング」というコンセプトを代表する企業であろう。Sonnenと契約する需要家は、月定額を支払いSonnenコミュニティに参加すれば、自らの蓄電池、太陽光発電からの電力を他のコミュニティ参加者とシェアしたり、他の需要家の蓄電池、太陽光発電からの電力をシェアできる。Sonnenは、各需要家の蓄電池の稼働状況をIoTで逐一把握しながら、コミュニティ内の需要家同士の電力シェアだけでなく、VPPとして蓄電池の能力を系統の安定化に活用するスキームも構築し、蓄電池の付加価値を高めている。

　また、BCP対応の例として、神奈川県横浜市の取り組みを示す。横浜市は、災害時に防災拠点や避難場所となる公共施設に蓄電池を設置し、停電を伴う

図3-5　Sonnenのエネルギーシェアリング

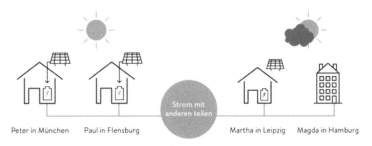

図3-6　横浜市の取り組むVPP構築事業

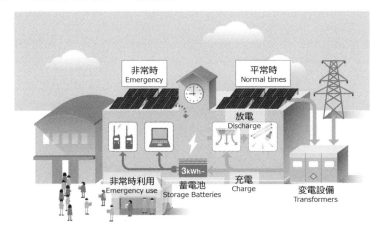

非常時には「防災用電力」として活用している。一方、蓄電池を非常時にのみ稼働させるのではなく、平常時にもVPP運用をし、蓄電池の経済性を高めている。

　横浜市では、蓄電池を小・中学校に導入しており、蓄電池の所有者は、その小・中学校に電気を供給する小売電気事業者となっている。小売電気事業者は、VPPに運用する収益に加えて、施設に請求する電気料金を通じて蓄電池の費用を回収する仕組みを取っている。

（3）分散型電源大量普及期のシステム
　　（マイクログリッド、P2P 電力取引）
①マイクログリッド

　分散型電源競争力を保有してさらに大量普及する時代には、１章で説明したように、地域でのエネルギー循環を目指すマイクログリッドが台頭する可能性がある。特に国内では、マイクログリッドの中でも特にセミオフグリッドといって、系統と一点で連系しており、マイクログリッド内部での電力供給が需要に対して足りない場合は、系統から電力を受電し、逆に電力供給が需要を上回る場合は、系統に電力を供給するものがある。系統が停電した際には、マイクログリッド内で独立して電力供給を継続できる仕組みであり、災害が深刻化するこの時代において、レジリエンスを高めるための手段として期待されている。マイクログリッド内の主な供給電源は、太陽光と蓄電池だけでなく、例えば、燃料電池のような確実で安定的に発電できる電源も必要になるだろう。燃料電池は、都市ガスを使用するが、高圧・中圧ガス導管からガス供給する設備には基本的に耐震化がされており、系統電力が途絶える可能性のある台風や地震などの災害時にも供給が止まることはない。

　今後、分散型電源の発電コストがさらに低減し、マイクログリッド域内での電源コストが系統電力より低い時代になれば、マイクログリッド域内において電源を調達し、いわゆる地産地消を進めるほうが経済的にも有利となる。その場合には、いかにマイクログリッド内の分散型電源の発電量と需要家の需要量を一致させ、インバランス量を低減させるかがより重要な課題となってくる。このときに、マイクログリッド内の需給を調整する制御システムとして、主に CEMS（Community Energy Management System）が用いられている。CEMS は、マイクログリッド内の家庭に設置された HEMS（Home Energy Management System）や建物に設置された BEMS（Building Energy Management System）によって把握した、それぞれの電力使用状況を集約しながら、マイクログリッド全体の電力用状況を把握する。このデータに基づいて、需要家へのデマンドレスポンス指示などを送り、マイクログリッド全体での需給を調整する。

宮城県東松島市が東日本大震災のあと進めたマイクログリッド事業を図3-7に示す。系統電力網と一点で連系するセミオフグリッドであり、系統の停電時には、マイクログリッド内での運用に切り替えて電力供給を継続する。東松島市の例では、マイクログリッドを設置したのは災害公営住宅を中心としたエリアであり、自営線を新たに敷いている。一方、今後、このマイクログリッドが全国で汎用的なモデルとして展開するためには、既存の配電網を活用できる仕組みが必要になるだろう。東松島市の場合は、マイクログリッド構築に必要な発電設備、受変電設備、配線、CEMS などの設備費用を、

図3-7　東松島市スマート防災エコタウン電力マネジメントシステム構築事業

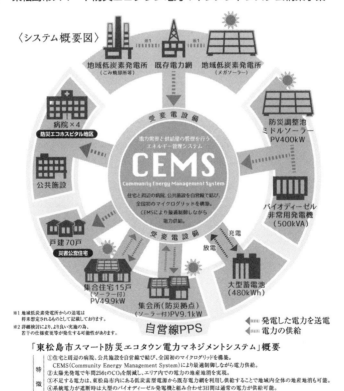

出所：東松島みらいとし機構ホームページ「スマート防災エコタウン」

国からの補助金と自治体の予算で賄っている。さらにマイクログリッドのエリアを広げるためには、さらなる資金が必要となる。特に地域における自治体の予算は限られており、これをどのような自治体においても将来持続可能な事業にするためには、ビジネスモデルの革新が必要となるだろう。

なお、東松島市のマイクログリッドに参加している需要家は、電気料金は東北電力の電気料金と同等の金額を支払っており、経済メリットはない。しかしながら、災害時に停電回避ができるという点でメリットがある。国内でも最近、未曽有の災害による大規模な停電が起きており、マイクログリッドはレジリエンスの観点からも再度注目されているところである。

② P2P 電力取引

分散型電源を主としたモデルとしてもうひとつに P2P 電力取引がある。国内で P2P 電力取引の実証（環境省：2017 ～ 2019 年度二酸化炭素排出削減対策強化誘導型技術開発・実証事業）を先駆けて実施しているデジタルグリッドの例を図 3-8 に示す。デジタルグリッドは、埼玉県さいたま市の浦和美園地区にて、新たに建設されるスマートハウス（戸建）と、大型ショッピングモールおよびコンビニエンスストア間で電力融通の実証試験をしている。

この P2P 電力取引では、需要家同士が直接、太陽光発電の余剰電力や蓄電池に貯めた電力の売買を実施する。各需要家に設置したスマートエージェント端末が需要家の需要および発電予測を行う。その結果に基づいて取引市場を介して需要家同士が P2P で取引し、実需給のタイミングで予測と実績が異なる場合には、蓄電池を制御することで需給バランスの同時同量をできるだけ達成する。

P2P 電力取引のスキームは、おおよそ図 3-9 のとおりである。詳細は 5 章で述べるが、需要家と発電所が直接、将来も含めて電力取引を市場の中で確定していくものである。これまで需要家は、電力を購入するためにひとつの小売電気事業者と契約していたが、P2P 電力取引では、需要家はその時々で直接異なる発電所から電力を調達することになる。一方、発電所もその時々で直接異なる需要家に電力を供給することになる。

図3-8　デジタルグリッドの浦和美園実証事業

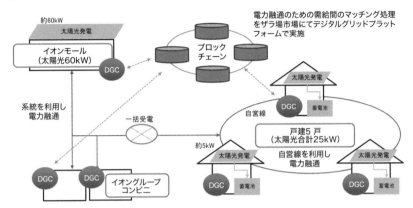

約60kW
太陽光発電
イオンモール
（太陽光60kW）
DGC

ブロックチェーン

電力融通のための需給間のマッチング処理をザラ場市場にてデジタルグリッドプラットフォームで実施

太陽光発電
DGC　蓄電池

系統を利用し
電力融通

自営線

戸建5戸
（太陽光合計25kW）

一括受電

約5kW
太陽光発電
DGC　蓄電池

自営線を利用し
電力融通

太陽光発電
DGC　蓄電池

DGC　DGC　イオングループ
コンビニ

出所：デジタルグリッド「デジタルグリッドの取り組み（（PVTEC第3回再生可能エネルギーデジタル取引研究会資料（2018年6月26日）」を基にみずほリサーチ＆テクノロジーズ作成

　このP2Pでの電力取引を全国大でするのか、送配電事業者管内でするのか、配電レベルでするのかなど議論はあるが、筆者は、まずマイクログリッドの中で実現されていく可能性が高いのではないかと考えている。というのは、マイクログリッドの課題をP2P電力取引が解決するかもしれないからだ。

　①で述べたが、マイクログリッドの課題として、特に地方では、自治体などの資金で電源保有を含めた展開が現実的でないことがある。さらに今後、分散型電源が需要家の数レベルに大量に増加した場合、それらを含めて管理していくことが困難になることも想定される。

　この2つの課題は、P2P電力取引で解決できるのではないかと考えている。既存のマイクログリッドでは、ひとつの組織やコンソーシアムがマイクログリッド内の電源を保有して需給調整を含めて一括で管理している。一方、P2P電力取引では、一般需要家や地域の需要企業が中心となって電源を保有、プロシューマー化し、各需要家、プロシューマーの運用、判断でP2P電力取引市場に参加する。その状況をマイクログリッド運用者（P2P電力取引管理者）が監視するといったモデルになるだろう。発電所の所有、運用主体が「ひとつの組織やコンソーシアム」から、電力を使用する「需要家・プロ

図3-9　将来的なP2P電力取引スキームイメージ

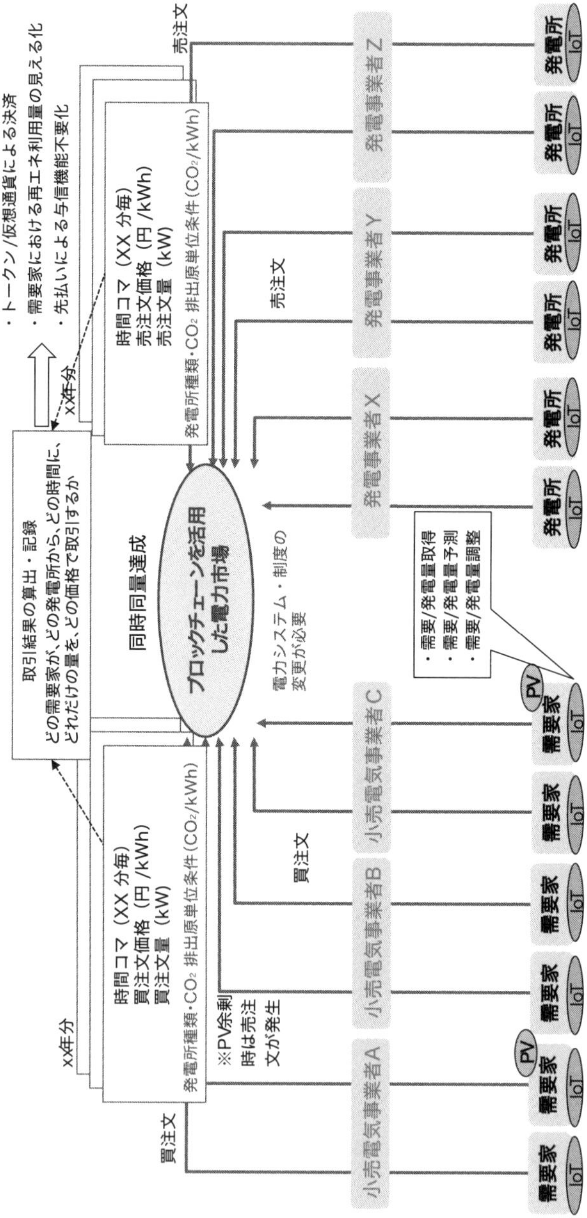

出所：みずほリサーチ&テクノロジーズ作成

シューマー」になるということである。もちろん需要家には、発電所を運用するための知識はないため、需要家の需要や発電量データをIoTが読み取り、AIが予測し、需要家の嗜好に基づいたうえで一番合理的な取引を自動でしていくという方向になるだろう。

　需要家が主体となるということは、その運用方法次第で需要家に直接経済メリットが返ってくるということである。もちろんP2P電力取引の世界では、各需要家が取引のリスクを取るということでもある。例えば、取引のリスクは、市場取引価格が非常に高騰しているときに電力を非常に多く使用してしまい、電力コストが非常に高くなってしまうなどが考えられる。これらのリスクは、AIによる需要量の予測精度を向上させたり、蓄電池の活用を最適化したり、需要家の行動を変えることなどで低減は可能であろう。P2P電力取引において、需要家の経済メリットが確認できれば、参加する需要家、プロシューマーはさらに増加する。現在、2022年度から導入が目指されている配電事業ライセンス制度によって、既存の配電網をこれまでの送配電事業者以外も活用できるようになれば、マイクログリッド運用者は、配電網管理者として、需要家は発電事業者兼需要家として、P2P電力取引に参加ができる。このなかで、発電設備はマイクログリッド運用者ではなく、需要家、プロシューマーまたは彼らが使用する建物（建設会社、不動産会社、ハウスメーカーなど）が中心となって保有することになる。

図3-10　P2P電力取引を活用したマイクログリッド運用イメージ

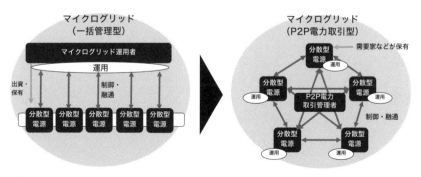

出所：みずほリサーチ&テクノロジーズ作成

　また、P2P 電力取引では、「決済」も重要なメリットとなる。P2P 電力取引においてブロックチェーンを活用し、取引する kWh とトークンを結び付けて取引を行えば、決済はトークンの交換によってすぐに完了する。需要家やプロシューマーにとっては、より早く簡潔に取引が行うメリットが得られる。

3.2. デジタル化によるエネルギービジネスの変化

　前項では、デジタル化によって電力システムの変革が進められる話をしたが、本項では、デジタル化によってエネルギー「ビジネス」が、どう変化していくのかを考えたい。2 章では、デジタル化により、さまざまな分野のビジネスがどのように変革する可能性があるかを述べた。電力は規制が強い分野であり、一定の時間はかかるかもしれないが、同様の方向性のことが起こり得る可能性がある。もちろん一例であり、デジタル化によるエネルギービジネスの変化にはさまざまな可能性があるだろう。

（1）カスタマイゼーション

　1 点目は、電力の「カスタマイゼーション」である。今まで、需要家はひとつの小売電気事業者（電力会社）を選択し、調達する電源は小売電気事業者が供給する電源のミックスと決まっていた。国内で一般需要家が小売電気事業者を選択することが可能となったのは、2016 年の小売電力全面自由化以降である。電気料金が安くなるからという理由で電力会社を変更した読者も多いのではないだろうか。電気は現在「価格」のみで選ぶ人が大半であるかもしれないが、一方で、それは「価格」以外の定量的な情報がないからであるという仮説も成立する。人は普遍的に評価されていない価値に魅力を感じにくい。例えば、ブランド価値は、万人がブランドと認めることから価値となる。

　電力についても、ブランド価値のようなものが通用するかもしれない。例えば、これまでは、いま使っている電源がどこで発電されたのかは誰も把握していなかった。それが IoT の普及で、すべての電源の稼働と需要がリアルタイムで把握できるようになり、どこで、いつ、どこの発電所やプロシュー

マーが発電し、どこに電力を送っているといったことがわかればどうだろう。電気料金で電力会社を選んだように、今度は環境に配慮した電源や好きな企業、地元の知り合いが発電した電源から購入するなど、個別にカスタマイズした電力調達ができるようになるだろう。もちろん、そのような情報があっても、安さ重視でどこの電源でもよいという需要家も多いだろうが、「電気」に色をつけることで、電気を「安さ」以外の観点から選択することに価値を見出す需要家も一部出てくるだろう。

　企業視点でみると、再生可能エネルギー100％を目指す「RE100」という流れの中で、再生可能エネルギー由来電源からの電力を購入する企業が増えている。Apple は、2030 年までにサプライチェーン企業までを含む電力の100％を再生可能エネルギーで賄うことを宣言している。この RE100 の取り組みは、もちろん ESG（環境・社会・ガバナンス）として株主からの企業価値を高めるとともに、一般消費者に向けての企業ブランド価値を高めることにも寄与しているだろう。この流れがまずは、さまざまな企業で起こり、一般需要家が購入する電力にも浸透していくかもしれない。

　この事例の先端を行っている企業のひとつに、みんな電力がある。みんな電力は、発電所の見える化をしており、需要家は、さまざまな発電所から電源を調達することができる。みんな電力は、図 3-11 に示すとおり、この仕組みにブロックチェーンを使用している。

図 3-11　ブロックチェーンを使用した発電所と需要家のマッチング

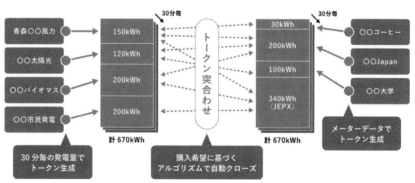

出所：みんな電力ホームページ「テクノロジーが実現するリーズナブルな価格」

（2） C2Cプラットフォーム

　2点目は、電力の「C2Cプラットフォーム」である。例えば、商品の販売事業の場合には、C2Cプラットフォームの台頭により、直接ユーザーが商品を生産した人から購入することになる。このとき、商品をユーザーに販売していた小売事業者の必要性が少なくなり中抜きされてしまうということが起こる。

　このC2Cプラットフォーム化の現象を電力事業の場合に置き換えると、図3-12に示すように需要家が発電者（発電事業者やプロシューマー）から直接電気を購入するということになる。究極のP2P電力取引ということである。このとき、小売電気事業者の必要性が少なくなる可能性がある。

　ただし、電気の場合は、通常の「もの」の販売とは異なり、小売電気事業者が需要家における需給調整（インバランス）の責務を負う必要があり、簡単になくなるわけではない。一方、インバランスのリスクを需要家側が負うというシステムにして、需要家側で精度の高い予測や、蓄電池や需要制御を含めたリスクをコントロールする仕組みにすれば、必要性が少なくなる可能

図3-12　電力分野におけるC2Cプラットフォーム化

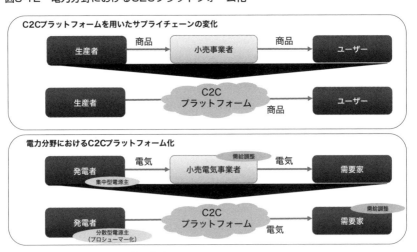

出所：みずほリサーチ&テクノロジーズ作成

性はある。とはいっても、これは究極的な状況であり、小売電気事業者は、今後、インバランスを含めた小売業務の自動化などデジタルを駆使した業務効率化の方向に進みながら、対応していくことになるだろう。

（3）電力×住宅のサブスク化

　3点目は、サブスク環境下の電力サービスの在り方である。家を持たない、家電を持たない、好きなときにすぐに住む家を変えられる、好きな家電をサブスクで使用するなどの環境が整備され、そのようなサービスを使う人が増えた場合に、電気やガスなどの契約がどうなることが望ましいかという議論である。消費者にとって、電力契約を住む家を変えるたびに毎回変えるというのは正直面倒である。ひとつのやり方としては、ホテルのように、電気をいくら使っても無料にするというモデルがあり得るだろう。その場合、ホテルのような最低限設備での一時的な宿泊の場合はよいかもしれないが、一定の生活を行い、家電もサブスク形式でいろいろ設置していく場合、電力コストは事業者側のコスト変動リスクにもなり得る。

　そこで、サブスク家電の「電気付き」などのビジネスモデルも出現する可能性がある。洗濯機をサブスクで契約し、サブスク提供事業者が洗濯機1回あたりいくら、それに電気料金込みで請求するというモデルである。そのような環境では、サブスク提供事業者が電力を調達することになる。または、電力会社がそのような「電気付き」サブスク家電の提供サービスを始める可能性も考えられる。

3.3. デジタル化による新たなプラットフォームモデルとデジタルデータの深化

　エネルギー分野のデジタル化の結果として「電力データ」を活用した新たなプラットフォームビジネスが出てくることが想定される。本項では、電力データを活用したプラットフォームモデルおよびエネルギーシステムの変化と、デジタルデータの深化について議論したい。

3.3.1. デジタル化による新たな電力プラットフォームビジネス

デジタル化により新たに出現するのが、プラットフォームビジネスである。図3-13に示すように、プラットフォーマーは「顧客との接点」を確保し、そこから顧客のデータを継続的に取得する。顧客との接点は、単なる「販売チャネル」ではなく、顧客のニーズを常に把握し、常に顧客へ体験価値を提供してつながるための接点である。そのプラットフォームに参加している各業界における「もの・サービスの提供者」は、プラットフォーマーの顧客接点から得られるデータを活用して、ただ単にもの・サービスを販売するだけではなく、顧客の体験価値を向上するための仕組みを提供する。これら顧客のデータを基に顧客体験価値向上の仕組みを作り、プラットフォームを拡大していく。

このプラットフォームを運営するものは、できるだけ多くの顧客接点を継続して確保できる立場が有利となる。例えば、○○ペイなどに代表される「決済」、SNSなどに代表される「コミュニケーション」、今後はMaaSなどの「モビリティ」分野などが考えられるだろう。この中のひとつに「電力」も可能性があるのではないかと筆者は考えている。電力は、国内のほぼすべての需要家でニーズがあり、常に顧客とつながっているサービスであるからである。今までは、電力業界では需要家と「つながっている」という認識は少なかったかもしれないが、分散型エネルギー社会になり、需要側に電源や需給バランスの手段が移ってくることで、電力会社は今まで以上に需要家とのつながりを強めていく必要がより高まっている。

もちろんこれらの各分野のプラットフォーマーは強みとする「データ」が異なっているため、場合によっては連携したり、情報銀行の仕組みで共有したり、もちろん競合となることもあるだろう。例えば、Nestは、サーモスタットという需要家における空調の自動制御機器を展開しているが、Googleが傘下に入れた。将来的には、電力プラットフォーマーを目指すことも想定しているからであろう。

では、電力データの強みは何か。デジタルデータは、さまざまな業界で活用がされている。例えば、ECサイトなどで得られるデータとしては、誰が、

図3-13　プラットフォームビジネスと電力プラットフォーマー

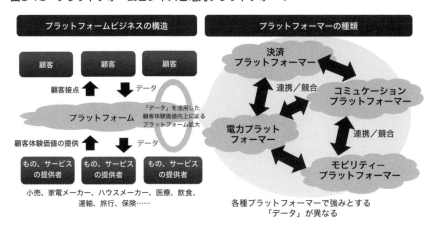

出所：みずほリサーチ&テクノロジーズ作成

何に、いくらで、何を購入した（しようとしたか）などの嗜好データがある。これに個人の決済データにより、その人の信用情報が得られる。実は、これだけでは得られないが、有用なデータは社会にたくさんあるだろう。ただ測定して集められていないだけである。例えば、消費者のライフスタイルに関するデータである。この人は、いつ起きて、でかけて、家に帰るのか。家ではどの時間に何をしている（テレビを見ている、パソコンをしている、掃除をしているなど）ことが多いのか、いつ食事を作ったのか。例えば、こういったこれまで得られなかったデータを電力データによってカバーすることができる可能性がある。

3.3.2.　エネルギーシステムの変化によるデジタルデータの深化

　本項では、エネルギー分野のデジタル化によって、どのような電力データが得られるのかを見てみよう。電力システムの推移に従って、取得できる電力データも変わってくる。図3-14に大枠ではあるが、電力システムと取得が想定される電力データを示した。集中型電源を主としたモデルでは、スマートメーターが普及しつつあり、電気料金請求のために系統からの買電量が、太陽光発電の余剰電力売電として系統への売電量のデータが必要となっ

ている。従来電力と分散型電源の共存モデル（VPP）では、アグリゲーターが需要家における分散型電源をひとつの電源として活用するため、需要家の各分散型電源の発電量、需要家の需要量の把握が必要となる。さらに分散型電源を主としたモデル（電力P2P取引）では、マイクログリッド内のインバランス低減が重要な差別化要素となり、分散型電源の発電量および需要家の需要量とともに、それらの将来の予測精度を上げる必要がある。このなかで例えば、需要家の需要量予測のためにリアルタイムでのデータを取得することや、ディスアグリゲーション技術などによって各機器レベルでの需要量データの把握を行うことも想定される。なお、スマートメーターに加えてHEMS（Home Energy Management System）を導入すれば「30分ごと」ではなく、リアルタイムに近い1分値での需要量を把握することは可能となっている。

　電力業界においてディスアグリゲーション技術は非常に注目すべき技術のひとつである。ディスアグリゲーション技術は、分電盤内部に電力センサーを設置し、その電流波形を測定、それらを機械学習によって各機器レベルの波形に分離し、どの時間に、どの機器が稼働しているかを推測する手法である。例えば、英国のVervや米国のBidgelyなどがディスアグリゲーション技術を保有している。国内ではインフォメティスが手掛けている会社のひとつだ。

　2章で述べたが、今後あらゆるビジネスの顧客接点はカスタマイズ×OMOの方向性になる。これら取得した電力データについては、このような顧客接点の中で組み合わせて活用されていく可能性があるだろう。特に機器レベルでの需要量が正確に把握できるようになれば、電力データはさらに大きな魅力となる。

　例えば、Vervでは、ディスアグリゲーションによって白物家電のエネルギー特性（図3-15は洗濯機の例）を分析し、パフォーマンスに異常がないかを判断する予知保全技術を保有している。この技術により、白物家電の障害を特定して、メーカーに警告するとともに、顧客には推奨するアクションを通知する仕組みも可能になるとしている。これまでメーカーは、基本的には白物家電を売り切りとしていたが、このようなデータを継続的に分析して

図3-14　電力システムの推移と電力データ活用

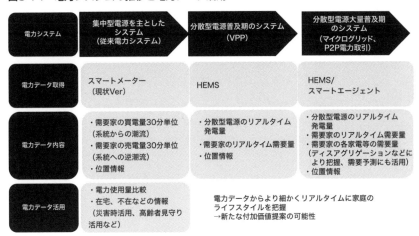

出所：みずほリサーチ&テクノロジーズ作成

図3-15　洗濯機の通常時のエネルギー特性

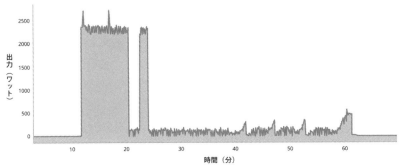

出所：Verv ホームページ

顧客に還元することで、顧客との継続的な接点をつくるとともに、顧客に新しい体験をもたらすことが可能となる。

　現在、我々の生活の大部分は、電力を使用する機器に囲まれていることから、例えば、各機器の使用状況から人々のライフスタイルの推測、そこからそれぞれの人のライフスタイルに沿った提案など、これまでの検索キーワードやウェブアクセス情報、商品購入情報などからの提案とはまったく違った

次元での顧客体験の提案ができるのではないかと期待が高まる。

　もちろん、これら電力データだけではなく、ユーザーにおける他のさまざまなデータを組み合わせて、ユーザーに付加価値を訴求していくサービスも想定されるだろう。

　それでは、具体的に各電力システムにおいて、どう電力データが収集されて使われる可能性があるのかに着目してみていこう。

①集中型電源を主としたシステム（従来電力システム）

　この時代のデジタル化によるエネルギービジネスの大きな変化として考えられるのは、スマートメーターの導入による電気使用量の見える化である。スマートメーターの設置は、各電力会社（一般送配電事業者）によって導入が進められている。送配電事業者ごとに異なるが、少なくとも 2023 年度末までには、すべての需要家への設置が計画されている。

　需要家における電気使用量（需要家の買電量）が 30 分ごとに確認ができ

図3-16　スマートメーターと異業種データとの掛け合わせによる活用

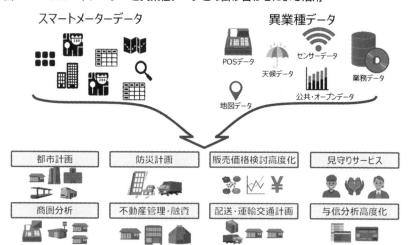

出所：総務省第7回ビッグデータ等の利活用推進に関する産官学協議のための連絡会議「資料１グリッドデータバンク・ラボ有限責任組合グリッドデータバンク・ラボにおける電力データ活用の取り組み〜足立区との検証活動〜（令和元年7月31日）」

るため、それらのデータを使用した類似需要家同士の電気使用量比較サービスや、在宅、不在などの情報を活用した高齢者の見守りサービスなど新たな付加的なサービスが始まっている。

　また、これらのデータを匿名化してビッグデータとして活用して、新しいビジネスモデルを検討する取り組みも始まっている。各電力会社とNTTデータが取り組んでいるグリッドデータバンクが実施している。スマートメーターでは、需要家の位置情報と、その場所での30分ごとの電気使用量がわかるため、例えば、その時間に、その家に人がいるかどうかがわかる。そうすると、災害時に、どの家に、どれだけの人がいるかを行政が把握して、避難計画などに使用できる可能性がある。ほかにも図3-16のように、異業種データとの組み合わせも含めてさまざまなアイデアが考えられており、国は、これらスマートメーターのデータを匿名データとしてオープン化することも念頭に検討を進めている。

②分散型電源普及期のシステム（VPP）

　このモデルでは、「アグリゲーター」という新たな事業者が出現する。アグリゲーターは、需要家の各分散型電源や需要を取りまとめて必要に応じて制御し、系統安定化に寄与するなど電力ビジネスとして活用する主体である。逆にいうと、それらを行うためには、各需要家の分散型電源の発電状況や需要家の需要量を、時系列に綿密に取得する必要がある。これらの電力データは、現行バージョンのスマートメーターよりもデータをより細かくリアルタイムに取得するため、アグリゲーターの本質である「電力」ビジネス以外にも有用なデータとして活用できる。アグリゲーターは、これらデータを使って電力以外の新たな付加価値提案が可能になるかもしれない。

　なお、このビジネスモデルでは、アグリゲーターは分散型電源（需要家）と送配電事業者（または小売電気事業者）とのマッチングをしており、このビジネスを推進するためには、各アグリゲーターはいかに分散型電源（需要家）の開拓を効率的に進めていくかが重要となる。

　この分散型電源の開拓の手段のひとつとして、1章でも説明したTPO（第三者所有）モデル（図3-17）を活用して進めている企業が出てきている。

図3-17　第三者所有モデル（Third Party Ownership）、分散型電源の普及と電力ビジネスの転換

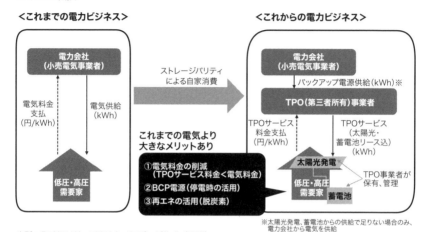

出所：みずほリサーチ＆テクノロジーズ作成（再掲）

このモデルによって分散型電源の開拓を進めるだけでなく、需要家に設置する分散型電源を TPO 事業者が保有、管理することで、より柔軟に分散型電源の運用が可能となり、より柔軟なアグリゲーター事業が行える。蓄電池を需要家が保有している場合、需要家はアグリゲーターが蓄電池使用を好き勝手に運用することを認めたがらないだろうが、蓄電池を TPO 事業者が保有しているのであれば、TPO 事業者は蓄電池を柔軟に運用できるだろう。

　なお、小売電気事業は、そもそも月額で電気料金を課すサブスクリプションモデルである。TPO モデルは、分散型電源が普及する時代の新しいサブスクモデルともいえる。

③分散型電源大量普及期のシステム（マイクログリッド、P2P 電力取引）

　このモデルでは、「P2P 電力取引プラットフォーマー」という新たな事業者が出現する。アグリゲーターは、分散型電源を取りまとめて送配電事業者（または小売電気事業者）とマッチングさせて電力ビジネスとして利用するための位置づけであるが、P2P 電力取引プラットフォーマーは、各個別需要家と各個別発電所の間に立ち、電力取引自体のマッチングを進める位置づ

けとなる。従来は、各需要家を取りまとめている小売電気事業者、各発電所を取りまとめている発電事業者が電力取引をしていた。一方、このモデルでは、IoT が普及することで、末端の各発電所、需要家（需要機器）が自律的に需要、発電予測を踏まえて、現在と将来の電力取引を行うものである。需要家や需要機器と接点をもって取りまとめている②におけるアグリゲーターが、将来の P2P 電力取引プラットフォーマーになる可能性もあるだろう。

　P2P 電力取引では、需要家と発電所をマッチングしてできるだけ同時同量を達成し、インバランス量をできるだけ抑えることが、競争上重要となる可能性がある。このため、特に需要量の予測技術が差別化の源泉となる。例えば、各機器の需要量を個別に把握したうえで予測し、それらの需要量を積み重ねることで、需要家の全体需要量を正確に予測することも考えられる。各機器の需要量は IoT コストが低減し普及した場合は、個別に測定収集する可能性もあるが、分電盤の電圧を 1 点で測定、分析して AI によって各機器の負荷量に分解するディスアグリゲーション技術も進んでいる。ディスアグリゲーションや IoT の導入普及によって、各機器レベルでのエネルギー解像度が得られた場合、その世帯の家での生活がリアルタイムで可視化されるようになる。

　P2P 電力取引は、「IoT」が普及する時代には来るべき未来の絵姿と考えられる。しかしながら、筆者は既存の系統ネットワークの中で、この仕組みが入るためには、既存のシステム、制度を含む検討を含め、相当の時間がかかるか厳しいのではないかと考えている。

　前項で述べたように、P2P 電力取引は、今後、地域でのマイクログリッドという新たな事業が出てくる際に導入できるひとつの仕組みになるのではないだろうか。その場合、地域ビジネスの中で P2P 電力取引プラットフォーマーが中心となり、データを地域で活用していくなど、新たな付加価値ビジネスが展開されるかもしれない。例えば、自動運転コミュニティバスサービスと連携し、ルートをリアルタイムで作成するために使用されたり、地域の病院と連携し、ライフスタイルデータを基に生活習慣のアドバイスに使用したり、さまざまな活用可能性が考えられる。

TRENDE が思い描くエネルギービジネス

中居洋一（TRENDE 株式会社　事業開発マネージャー〈取材当時〉）

外部環境の変化

　これまでの電力事業は、電気という生活に不可欠なエネルギーを提供することを通じて、お客様の生活をサポートする事業であった。そして、「電気」自体が提供価値であったため、「お客様の快適な生活を実現する」よりも「電気を提供する」ことに重点が置かれていた。

　2016 年の小売全面自由化以降、電気を提供することは経済産業大臣の登録を受ければ誰でも行うことができるようになり、他業種からも多くの企業が参加した。それにより、野球チームとコラボレーションしたプランなど、さまざまな電力プランや見守りなどの付帯サービスが提供されるようになった。しかし、それはあくまで補助的な意味合いで、やはりメインの提供価値は「電気」であった。

　しかし、太陽光発電などの再生可能エネルギー、蓄電池、電気自動車といった分

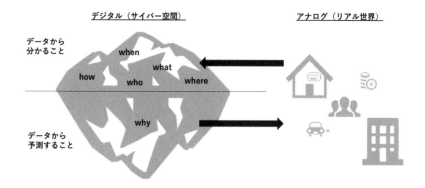

散型電源が普及すると、お客様自身が電気を発電し保有することができるようになる。すると、今度は「電気」自体は、お客様にとって補助的なもの、部分的なものになり、「お客様の快適な生活」を実現できるサービスがメインの提供価値となる。つまり、「お客様の快適な生活」をどのようにすれば実現できるかということが、サービス設計をするうえで非常に重要になってくるのである。そのためにも、「お客様の生活」を把握するためのデータを収集することが、重要な初めの一歩となる。そして、収集したデータに基づき得られたインサイトをお客様の嗜好や感覚といったアナログなものに反映していくことが、これからの電力ビジネスの肝になると、私たちは考えている。

TRENDEが目指すビジネス

　現在、私たち小売電気事業者は、同時同量の観点*1から30分値の電力使用データをほぼリアルタイム*2で取得しているが、これからわかるのは、「ぼやけた線」である。「いつ、どのように使用したか」という電力データを通して、大体の住生活パターンが予想できる。例えば、この家の人々は、平日は朝6時から起床し始めて午前9時にはすべての人が外出して、夕方の午後6時から帰宅し始めて夜中の12時にはすべての人が就寝する、というようなものである。この住生活に限定した「ぼやけた線」を「はっきりとした」線に、そして、住生活以外も含めた人の暮らし全体という「面」にしていくことが、今後のビジネスの課題となってくると考えている。

　私たちは、再生可能エネルギーの普及をミッションとし、分散型電源を有効活用する手段としてP2P電力取引が有効だと考え、その商用化を目指している。P2P電力取引を行ううえでは、予測の精度を高めるため、データの粒度はより細かく、データ取得タイミングはよりリアルタイムに近くなり、「ぼやけた線」は鮮明になってくる。例えば、ドライヤーの使用について考えると、その使用時間でドライヤーの使用者が男性か女性かを判別できるようになるかもしれない。30分値として見ると平均化されてしまい特徴が見えないが、リアルタイムにデータを収集・分析することで、データをリアルな特徴として捉えることができるようになるのである。

　また、P2P取引つまり個人間の取引とはいえ、デイトレーダーのように、お客様自身で1日中取引を行うことは現実的ではないので、お客様は無意識にP2P取引を実施する、という形が重要なUX（ユーザーエクスペリエンス）になるだろう。お客様が、あらかじめ好みに応じたモードを設定しておけば、自動的に取引が行われる、そのような世界である。モードとしては、例えば、「安さ重視」の経済性

モード、「再生可能エネルギー優先」のグリーンモード、「知り合い優先」のフレンドモードなどが想定される。このような取引機能を有するエージェント*3と、その取引を実施する場としてのP2P電力取引市場、この2つを提供していくことが、商用化の初期段階となると考えている。その段階でのキャッシュポイントとしては、JEPX*4のように取引手数料のようなものが有力であるが、手数料ビジネスはフリーミアムモデル*5など先行事例が多々あるので、それらを参考に検討していきたい。

　次の段階としては、P2P電力取引プラットフォームという「場」を提供することで、電力データをベースに、「人」に紐づくデータを掛け合わせたサービスを実現したい。電力データでは、個人を特定することはできない。「人」を特定したデータと融合することにより、集合体として住生活を個としてのお客様の暮らしとして把握し、カスタマイズしたサービスを設計していくことになるだろう。具体的に、「人」に紐づくデータとして注目しているのは、モビリティ、ヘルスケア、そして決済の分野である。それらをもとに、QOL（Quality of Life）を上げる、つまり「安心かつ快適な環境で、そして健康的な暮らし」を提供したいと考えている。その際、私たちは、必ずしもお客様に直接サービスを提供する立場である必要はなく、サービス提供者にプラットフォームを提供する形でサポートする立場もあり得るだろう。その段階でのキャッシュポイントは、電気料金そして手数料以外のものとしたい。そもそも電力取引自体は利鞘が少なく、そこから手数料を取っていたら、サービス提供者にとっての経済的メリットは小さくなってしまう。電力取引で得た便益は、お客様にできるだけ還元し、プラットフォーマーの立場としては、電力取引以外の部分、例えば、匿名加工データの提供などで収益を上げる、という形が理想だと考えている。

　以上のようなビジネスの実現に向け、P2P電力取引の実証実験の分析・検証はもちろん、「あしたでんき」、「ほっとでんき」という電力小売事業から得られる、デジタルなデータとアナログなお客様の声を蓄積・分析し、理想的なモデルを模索していく。

脚注
*1　30分値電力量の計画値と実績値を同一にすること
*2　電圧が低圧の場合、60分以内、高圧以上の場合、30分以内に一般送配電事業者から30分値電力量データが提供されること
*3　取引機能（予測、入札）を持ったソフトウェアのこと
*4　日本卸電力取引所のこと
*5　フリー（無料）とプレミアム（割増）を組み合わせた造語。基本的なサービスは無料で提供する一方、より高機能な、または特別なサービスについては課金するビジネスモデルのこと

4章

ブロックチェーンの革命

デジタル化の流れの中でも、中長期的に「ブロックチェーン」技術がもたらす社会へのインパクトは非常に大きいものになる可能性がある。本章では、少しエネルギーの話から離れて、そもそもブロックチェーン技術とはどのようなものなのか、今後のビジネスモデルにどのように影響を与え得るのか、さらにはブロックチェーンの技術の詳細について説明する。

4.1. ブロックチェーン技術の機能と破壊的ビジネスモデル

本項では、技術的な観点はいったんおいておき、「ブロックチェーン技術の機能」と、それら機能を踏まえると、ブロックチェーンが将来的にどのように既存のビジネスモデルを破壊する可能性が考えられるかについて検討したい。

4.1.1. ブロックチェーン技術の機能

「ブロックチェーン」という言葉は耳にされたことがあるかもしれないが、ビットコインに使われている技術といった具合で、具体的なイメージがわかない人も多いのではないだろうか。ブロックチェーンは文字どおり、「ブロック」をチェーン（鎖）上につなげていく処理をするデジタル技術のひとつである。「ブロック」には、取引情報などのデータを記録していき、そのブロックを時系列にどんどんつなげていくイメージである。ブロックチェーンをみれば、誰でも過去の取引情報を時系列にすべてみることができる。

このブロックチェーンが実現した画期的な機能は主に3つある。ここでは、その概要を示す。

1つ目は、「中央管理者」を通さずに「価値の移転」を可能としたことである。ブロックチェーン技術が活用されているビットコインなどの仮想通貨によって、皆さんは、世界中の誰にでもインターネットを通じ、銀行などの中央管理者を介さずに二重支払いせず信頼できる送金をすることが可能となっている。仮想通貨の場合は「通貨」という価値が移転されるが、この仕組みを使えば、「デジタル資産」の価値移転も可能となる。

2つ目は、中央管理者を介さずに「データの保存と共有」を可能としたことである。ブロックチェーン技術は、その特徴から「分散型台帳」とも呼ばれる。従来の取引情報などのデータは、中央管理者が管理するサーバー（集中型台帳）で記録、管理していたが、ブロックチェーン技術では、「ノード」と呼ばれる複数の分散型台帳に整合性を保ちながら記録、管理する。また、PoW[※9]などの仕組みを導入することで、承認され記録されたデータ（ブロック）については、消去、改竄が事実上不可能となる。また、従来の集中型台帳の場合、データは中央管理者が管理しており、データ閲覧は必ず中央管理者の許可が必要となるが、パブリックチェーン[※10]の分散型台帳に記録されたデータは、誰でもインターネットを通じて閲覧が可能であり、簡単に共有することができる。

　3つ目は、スマートコントラクトを利用した「契約の自動履行」である。スマートコントラクトは、いわば契約書をプログラムで明文化したもので、どういう条件を満たした場合、何を実行するかを決めておく。例えば、デジタルコンテンツを販売した場合、従来は契約内容を中央管理者が確認したあと、利用者は中央管理者を介して提供者に支払をし、事後に、その利用料金が提供者の口座に振り込まれた。スマートコントラクトを使用すると、利用者はコンテンツを購入すると同時に、提供者にいくら払うという契約が自動的に履行され、即時で利用者から提供者へトークン[※11]を通じた直接支払が完了する。また、IoTとの連携により、例えば、洗濯機に設置している洗剤が少なくなったことをセンサーが認知した際、洗剤メーカーから自動的に洗剤を発注するといったような契約を自動執行することも可能となる。以上、ブロックチェーン技術の機能とメリットを図4-1に示す。

　これらのブロックチェーン技術の機能を応用し、さまざまな分野でブロックチェーン技術の利用が始まっている。図4-2にブロックチェーン技術活用のユースケースを示す。金融系以外にも、商流管理、シェアリングなどの分野でも活用がされている。例えば、商流管理は、サプライチェーン上の企業が協業して実施する必要があり、これまでは誰かが中央管理者になり、情報を管理する必要があったが、ブロックチェーン技術を使用すれば、中央管理者がなくても、各企業から直接「データの保存と共有」が可能となり、取り

図4-1　ブロックチェーン技術の機能とメリット

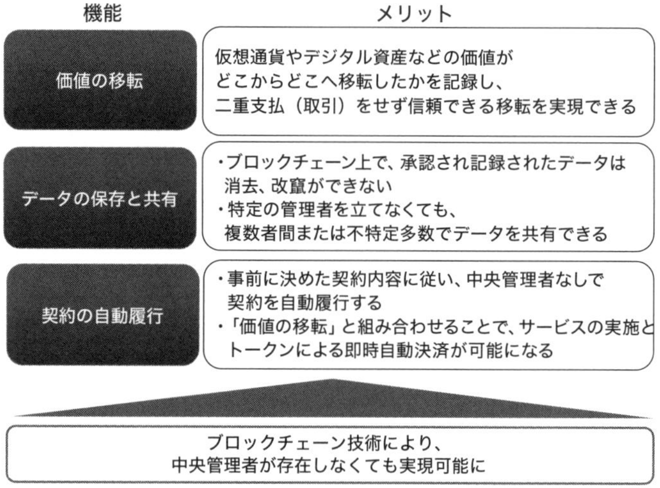

機能	メリット
価値の移転	仮想通貨やデジタル資産などの価値が どこからどこへ移転したかを記録し、 二重支払（取引）をせず信頼できる移転を実現できる
データの保存と共有	・ブロックチェーン上で、承認され記録されたデータは 　消去、改竄ができない ・特定の管理者を立てなくても、 　複数者間または不特定多数でデータを共有できる
契約の自動履行	・事前に決めた契約内容に従い、中央管理者なしで 　契約を自動履行する ・「価値の移転」と組み合わせることで、サービスの実施と 　トークンによる即時自動決済が可能になる

ブロックチェーン技術により、
中央管理者が存在しなくても実現可能に

出所：みずほリサーチ＆テクノロジーズ作成

図4-2　ブロックチェーン技術のユースケース

出所：経済産業省商務情報政策局情報経済課「平成27年度我が国経済社会の情報化・サービス化に係る基盤
整備ブロックチェーン技術を利用したサービスに関する国内外動向調査報告書（2016年）」

組みがより進む可能性がある。また、シェアリングの分野では、提供者と利用者をつなぐ中央管理者（プラットフォーム事業者）が存在したが、ブロックチェーン技術を利用することで中央管理者がいなくても、直接提供者と利用者がシェアリングを実施できるようになる。

4.1.2. ブロックチェーン技術と破壊的ビジネスモデル

前項で示したブロックチェーンの画期的な機能により、ブロックチェーン技術は、その利用方法によっては、既存のさまざまなビジネスモデルを、将来的に Disruptive（破壊）する可能性を持っている。もちろん商習慣や従来制度などですぐに変化することはないかもしれないが、ここでは究極の可能性を示したい。

①仲介事業者の中抜き

まず1つ目は、仲介事業者の中抜きが可能になることである。従来のビジネスモデルでは、もの・サービスの提供者と利用者の間に必ず仲介事業者が介在した。これら仲介事業者を介して提供者と利用者間の決済がされており、利用者がサービス・ものを利用したのに支払をしないなどの与信リスクを仲介事業者が保有している。一方、ブロックチェーン技術を導入し、トークンを利用すれば、利用者と提供者の間の直接決済が可能となる。さらに、トークンが支払われたことを確認したあとに、もの・サービスを提供するという契約を自動履行する仕組みにすれば、利用者側の与信リスクを回避することができる。これにより、仲介事業者の重要な役割である決済機能の代替と与信リスクの低減が可能で、分野によっては仲介事業者の中抜きも可能となる。

電力業界では、小売電気事業者が発電事業者（または卸電力市場）と需要家の間に立つ仲介事業者という位置付けになるが、この小売電気事業者の業務でブロックチェーン技術を使用して自動化する検討もされている。例えば、米国企業 Grid+ では、需要家が卸電力取引市場から電力をリアルタイムに自動的に購入するスマートエージェントを開発し、決済に「BOLT」という米国ドルと連動したトークンを使用してリアルタイムでの支払を可能にしている。さらに、需要家が保有するトークン量が決められた閾値を下回った場

図4-3 仲介事業者の中抜き

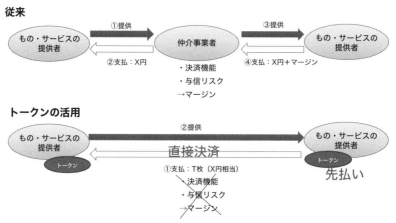

出所：みずほリサーチ&テクノロジーズ作成

合に、需要家にサービス停止を告知することで、電気料金の滞納といった与信リスクを回避する仕組みを想定している。これにより、小売電気事業者が従来取っていた電気料金におけるマージンを大きく低減するとしている[12]。

②プラットフォーム事業者の代替

　2つ目は、プラットフォーム事業者の代替である。従来のビジネスモデルでは、もの・サービスの「提供者」と「利用者」のマッチングのためにプラットフォーム事業者が必要とされた。プラットフォーム事業者は、もの・サービスの提供者からの使用料を取ることで、ビジネスを成立させている。例えば、ライドシェアのサービスでは自動車に乗りたい人と乗せたい人のマッチングの場をプラットフォーム事業者が提供し、提供者と利用者間で成立したフィーの一部をプラットフォーム事業者が回収する。ブロックチェーン技術を導入すれば、プラットフォーム事業者のような中央管理者がいなくても、「データの保存と共有」と「契約の自動履行」によりサービス提供が実現可能となる。また、これらマッチングの情報は、プラットフォーム事業者が独占的に管理、使用するのではなく、もともとのデータ所有者（提供者と利用者）同士でも共有可能となる。プラットフォーマーとして利用者、提供者からの

図4-4　プラットフォーム事業者の代替

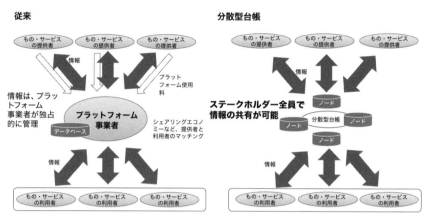

出所：みずほリサーチ&テクノロジーズ作成

　ビッグデータを集め囲い込むという時代から、将来的には、ブロックチェーン技術によってビッグデータをステークホルダー全員が共有して活用する時代になるかもしれない。

4.2.　ブロックチェーン技術

　本項では、ブロックチェーン技術の詳細について、具体的に説明をする。

4.2.1.　ブロックチェーン技術の誕生（ビットコイン）

　ブロックチェーン技術は、2008 年 11 月に暗号理論のメーリングリストに投稿されたサトシ・ナカモト（Satoshi Nakamoto）を名乗る人物による論文に端を発している。この論文で「Bitcoin: A Peer-to-Peer Electric Cash System」というタイトルで、ネットワーク上の端末同士が直接通信を行うネットワーク方式である P2P による送金システムの提案が行われた。

　この論文の理論を基に、ソフトウェアが実装され、2009 年に仮想通貨ビットコイン（Bitcoin）が誕生した。現在[※13] ビットコインの時価総額は 20 兆円を超えるまで大きくなっている。このビットコインを実現している主要な

技術がブロックチェーンである。

　ブロックチェーン技術は、サトシ・ナカモトによって発明された技術であるが、この人物の正体はよくわかっていない。個人なのか、組織なのか、また日本人なのか否かも不明である。論文発表後には、ビットコインのソフトウェアの開発にも携わったようだが、徐々に表舞台から姿を消し、現在も謎のままである。このサトシ・ナカモトによる論文は今もインターネット（https://bitcoin.org/bitcoin.pdf）で閲覧することができる。

　この論文には、ビットコインの基本となる仮想通貨を送金する取引の仕組み、取引を承認するため参加者間で合意形成を行う仕組み、取引の情報を安全に記録するための仕組み、「マイニング」と呼ばれる取引の承認に関する作業への報酬の仕組み、P2Pを用いたネットワーク上での動きの仕組み、取引内容の検証の仕組みなどが9頁で簡潔に記載されている。

　論文の冒頭には " A purely peer-to-peer version of electronic cash would allow online payments to be sent directly from one party to another without going through a financial institution.（純粋な端末同士の直接通信による電子マネーがあれば、金融機関を通さずに一方から他方に直接オンライン上で支払いができる。） " と、従来のように管理者を必要とせず、参加者同士で自律的に通貨のやり取りができるビットコインのコンセプトと利点が示されている。

4.2.2.　ブロックチェーン技術の現在

　ブロックチェーン技術は、ビットコインを実現するために生まれた技術であるが、現在では、ビットコイン以外にもさまざまなブロックチェーンが開発されており、多くはオープンソースとして公開されている。ビットコイン以外に代表的なブロックチェーンとしてイーサリアム（Ethereum）とハイパーレッジャー・ファブリック（Hyperledger Fabric）がある。

　イーサリアムは、ビットコインに次ぎ時価総額が2番目に大きな[14] 仮想通貨である。ビットコインが誕生した6年後の2015年に最初のバージョンがリリースされた。特徴は、ブロックチェーン上の処理をユーザーがプログラミングして自由に定義でき（「スマートコントラクト」と呼ばれる）、プ

ログラミングの自由度が非常に高いことである。イーサリアムは、任意のプ
ログラムを分散環境上で実行する、分散型アプリケーション基盤を目指して
開発されている。そのため、ビットコインに比べ、非金融分野などの汎用的
な用途でも利用がしやすい。Ethereum Foundation が中心となり開発を進
めている。

　一方、ハイパーレッジャー・ファブリックは、Linux Foundation が行っ
ているハイパーレッジャープロジェクトのひとつのプロジェクトとして開発
されている。ハイパーレッジャープロジェクトは、ブロックチェーンに関す
る共同開発プロジェクトでファブリック以外にも複数の技術が開発中であ
る。Linux Foundation は、オープンソース開発プロジェクトを中心とした
技術開発を行う非営利団体である。

　ハイパーレッジャー・ファブリックの開発は、IBM が中心となって進め
られており、2017 年に v1.0 がリリースされた。ブロックチェーンデータへ
のアクセスは、基本的に許可制であり、決まったメンバー内で使用する「プ
ライベート・コンソーシアム型」と呼ばれるタイプのブロックチェーンと
いう特徴を持つ。データを共通で管理する分散台帳の基盤を目指しており、
v1.0 では仮想通貨の機能はなかった。ただし、現在開発が進められている
v2.0 では、仮想通貨の機能が追加される予定である。企業向け用途を想定
して開発されたブロックチェーンである。

　以上 3 つの代表的なブロックチェーン技術の特徴を表 4-1 に整理する。

4.2.3.　ブロックチェーン技術の有用性

　ここで、ブロックチェーンの有用性を考えるために、まずビットコインが
解決しようとした技術的な課題を考えてみたい。ビットコインで実現しよう
とした送金システムは、「自分の保有する資金を、自分の好きなときに望む
相手に確実に送金することができる」ということを実現するために考案され
た。このことは簡単なように思われるが、実際は非常に難しい。通常、我々
が送金を行う場合は、金融機関という仲介者を通じて振り込みを行う。しか
し、この場合には、金融機関による承認が必要になる。銀行のような仲介者
を介することで「好きなときに、望むままに」ということにはならない。仲

表4-1　代表的なブロックチェーンの比較

	ビットコイン	イーサリアム	ハイパーレッジャー・ファブリック
初期バージョンリリース時期	2009年	2015年	2017年
型	パブリック型	パブリック型	プライベート・コンソーシアム型
開発元	Bitcoin Foundation	Ethereum Foundation	Linux Foundation Hyperledgerプロジェクト
スマートコントラクト対応	×	○	○
トークンの発行	○	○	×※15
目的	仮想通貨	分散型アプリケーション実行プラットフォーム	企業向けの分散台帳基盤
備考	最初に発行された仮想通貨	ビットコインに次いで時価総額が大きい	IBMが中心となって開発

出所：みずほリサーチ&テクノロジーズ作成

　介者への手数料も発生する。

　仲介者を介さない取引を考えた場合、確かに自由に送金するシステムは実現できるかもしれないが、「確実に送金することができる」という点が課題となる。二重支払いや偽装などが起こり得るなか、自分の資金の移動の確実性の担保が問題となる。すでに長期的な信頼関係があるような二者間の場合には、あまり問題にはならないかもしれないが、決済や送金は不特定多数の参加者がいることが想定され、信頼できない人が参加していることが前提となる。技術的な実現方法は、のちほど述べるが、結論としてビットコインで提案されたブロックチェーンを含むシステムは、「自分の保有する資金を、自分の好きなときに望む相手に確実に送金することができる」という難しい課題を、うまく解決した。そのため、高い注目を集め、ビットコインに続きさまざまな仮想通貨が生まれた。多くの仮想通貨は、ビットコインと同じブロックチェーン技術をベースとしている。ブロックチェーン技術により仮想通貨などの資産を e-mail を送るように容易に送ることが可能となった。

　さて、これまで実現されていなかった「自分の保有する資金を、自分の好きなときに望む相手に確実に送金することができる」ビットコインと、その要素技術であるブロックチェーンが、なぜエネルギーを含めた多くの産業に

影響を与えると考えられているのか。それは、ビットコインで実現しようとした目的を抽象化させるとよくわかる。ビットコインで実現したことは、「自分の資金を中央管理者（仲介者）不在で自由に送金できる」というものである。これを少し抽象化して考えてみると、「資金」は「資産」とすることができ、「自由に送金できる」は「操作・処理ができる」とすることができる。したがって、ビットコインで実装されたアイデアを拡張していくと「資産を中央管理者不在で操作する方法」となる。

エネルギーの分野では、従来の火力発電所や原子力発電所など大規模な発電設備から、太陽光発電や風力発電などの分散型の再生可能エネルギーに移行している。また、これまで電気の消費者であった家庭や企業などの需要家が、自家発電の余った電力を売る「プロシューマー」と呼ばれる生産消費者となるなどの変化も生じており、多数の参加者が相互に電力を売買するようになってきている。上記の「資産」を「電力」と考えれば、電力の直接（P2P）取引でのブロックチェーン利用が期待される。また、分散化した電力システムでは多数の機器が離れた場所に設置され、受注調整のための機器間のデータ共有や、そのデータに基づいた各種証明（電源由来証明、二酸化炭素削減価値量の証明など）の自動発行での利用が期待される。

ほかにも資産として、例えば、絵画や宝石、あるいは著作権などの権利も考えられ、さまざまな資産に関することを扱うことが可能となる。このように考えると、近年、ブロックチェーンが革命的な技術で広い応用範囲がある、ということを理解できる。ブロックチェーンは、金融向け以外にも、製造業、エネルギー、ヘルスケア、娯楽・メディアなどの分野でも大きな波及効果が期待される。

上記の資産を中央管理者不在で操作できるという有用性に加え、もうひとつ、ブロックチェーン技術には有用性な特徴がある。それは、データを分散管理しているため、不特定多数の参加者間でデータが共有可能であり、かつそのデータ共有の信頼性、安全性が極めて高いという点である。

そのため、複数の企業などの参加者間でデータを共有する、分散台帳の技術として利用することができる。例えば、この分散台帳技術は、サプライチェーンの管理などでの利用が期待されている。食品や工業製品のサプライ

チェーンはグローバル化しており、大規模かつ複雑になってきている。どのような経路で最終消費者まで届いているのかが非常にわかりにくくなっている。76カ国589機関を対象にしたサプライチェーンに関する調査[※16]では、過去12カ月間の間に56%の組織がサプライチェーンで重大な混乱を生じた問題が発生し、25%の組織で25万ユーロ以上の経済的損失が発生していると報告されている。品質や安全性に問題が発生した場合、どこで問題が発生したか追跡ができるようトレーサビリティを向上させることが重要となってきている。ブロックチェーン技術は、食品や工業製品のサプライチェーン上のデータ管理などの、データ共有の技術としても期待されている。

ブロックチェーン技術は、従来と異なる革新的な技術であり、破壊的イノベーションを引き起こす可能性を秘めている。政府が示した我が国が目指すべき未来社会の姿「Society 5.0」の実現を支えるデジタル技術にも、IoT、AI、ロボットにならび、ブロックチェーンがあげられている。

以上ブロックチェーンの大きな特徴をまとめると、以下を実現する安全で、信頼性の高いシステムを構築するベースとなる技術であるといえる。

・資産を中央管理者不在で操作する
・データを分散管理する

4.2.4. ブロックチェーン技術の仕組み

ブロックチェーンが、どのような技術で、実際にどのように動いているかについて概観する。ここでは、概念的に技術を解説するにとどめ、技術特性を掴むことを目的とする。より厳密な技術については、多くの技術専門書が刊行されているので、それらを参照してほしい。

ブロックチェーンは、データを「ブロック」と呼ばれる単位にまとめ、そのブロックをチェーンのようにつなげてゆくことから、このような名前で呼ばれている。ブロックは、「ハッシュ値」と呼ばれる値を用いて時系列に前のブロックと接続されている。このハッシュ値は、データの特徴を表す短い代表値で、時系列に前のブロックのデータのハッシュ値を次のブロックに記録することで、ブロックのデータの改竄の検知ができる仕組みとなっている（図4-5）。さらに、ネットワーク上で同じデータをそれぞれのノード（ブロッ

図4-5　ブロックチェーン

出所：みずほリサーチ&テクノロジーズ作成

クチェーンネットワークにおいて他の参加者と相互に通信するコンピュータ
のこと）が持ち、分散管理することでより高い改竄耐性と高可用性※17 を実
現している。

　ブロックチェーン技術は、もともと仮想通貨であるビットコインを実現す
るために生まれた技術であるが、単一の技術ではなく、さまざまな技術を組
み合わせたものである（図 4-6）。要素技術には、P2P ネットワーク、ハッシュ・
暗号化技術、コンセンサスアルゴリズム、電子署名などがある。さらにさま
ざまな用途に応じて機能を拡張するため、ブロックチェーンネットワーク上
で動作するプログラムである「スマートコントラクト」や、処理速度などの
機能を向上されるための「セカンドレイヤー」や「サイドチェーン」などと
呼ばれる拡張機能が開発されている。これらのさまざまな技術や機能は、ひ
とつのソフトウェアとして実装され、プラットフォームとしてまとめて提供
されている場合が多い。以下、主な要素技術について解説する。

図4-6　ブロックチェーンを構成する技術と機能

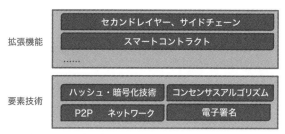

出所：みずほリサーチ&テクノロジーズ作成

図4-7　管理形式の違い（左：従来のシステム、右：ビットコイン）

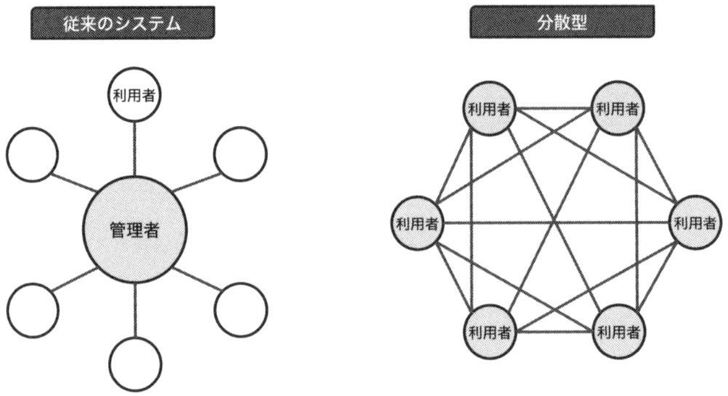

出所：みずほリサーチ&テクノロジーズ作成

（１）P2P ネットワーク

　P2P ネットワークとは、ネットワーク上の端末同士が直接通信を行うネットワーク方式である。従来の紙幣や硬貨などの現金通貨は中央銀行が発行し、管理を行っている。Suica などの電子マネーは、通常は発行し、管理を行う管理者が存在する。一方、ビットコインは管理者が存在せず「ノード」と呼ばれるコンピュータがネットワーク上に多数存在するだけで、取引に関するデータはノードが分散して管理している。ブロックチェーンは従来の管理者がいるシステムと異なり、参加者が協調しながらシステムを構成する分散型であるという特徴を持つ（図 4-7）。

（２）ハッシュ値とハッシュ関数

　ブロックチェーンのデータ構造は、取引の記録がある塊でまとまった「ブロック」が鎖状につながっていると先に述べた。前のブロックと次のブロックをつなげるために、「ハッシュ値」と呼ばれる特別な数値が使用されている。

　ハッシュ値とは、データが与えられた場合に、そのデータと１対１に対応する数値のことで、データの特徴を表す短い代表値の性質を持つ。同じデータからは同じハッシュ値が得られるが、僅かでもデータが異なると、まったく異なるハッシュ値が得られ、ハッシュ値から元のデータを推測することは非常に困難である。このためデータのハッシュ値を記録しておけば、データ

が改竄されていないか確認ができる。データが改竄されると、データに対応するハッシュ値が変わるため、元のハッシュ値と比較することで、改竄の有無を検証することができる。

　各ブロックには、前のブロックのデータのハッシュが記録されている。このハッシュ値によってブロックは接続される。あるブロックのデータを変更すると、そのブロックのハッシュ値が変わる、すると次のブロックに記録されたハッシュ値が変更となる。ハッシュ値はブロックのデータに含まれているため、次のブロックのデータが変わったことになる。さらに同様に、その次のブロックのハッシュ値を変更することとなる。このようにデータの変更を行うと、その変更の影響が、変更を行った時系列以降のブロックのデータに次々に伝搬し、そのブロック以降のすべてのデータ変更する必要が発生する。このように前後のブロック内データに関連性が持たされているため、データの一部のみを変更することができず、データを一部でも変更する場合、全体のデータに不整合が生じないようにデータ全体を変更する必要があり、改竄することが極めて難しくなる。

　ここで少しハッシュ値について少し詳しく見てみたい。データからハッシュ値はある関数で計算される。その関数を「ハッシュ関数」と呼ぶ（図4-8）。ハッシュ関数には、さまざまなものがあるが、代表的なものに「Secure Hash Algorithm（SHA）」と呼ばれる一群の暗号学的ハッシュ関数やRIPEMD（RACE Integrity Primitives Evaluation Message Digest）がある。ハッシュ関数の興味深い点は、復号が非常に困難な点にある。

　どれくらい復元が難しいかを確かめてみる。WEB には、ハッシュ値を計算してくれるサイトがある。例えば、https://tool-taro.com/hash/ というサイトで試してみる。プログラミング学習では定番の「HELLO WORLD」という文字列と、今、本項を書いている文章作成ソフトウェアに関連して「HELLO WORD」という文字列で比較してみる。両者は、アルファベットでは１文字しか変わらない。結果は次頁のようになる。

図4-8　ハッシュ関数

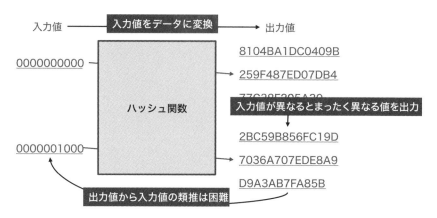

出所：みずほリサーチ&テクノロジーズ作成

　入力文字列 ： 　HELLO WORLD

　ハッシュ値 ： 　13D6C73AC8CCEEFF9FF6B0BA2CE19C5FC47AC21F9FD4
03C151FE88E0FD39F4223C29BC9BDED59E1E3F272FD969FD6E2E6E35BE35
072E742C4B36FEC48FEB87DF

　入力文字列 ： 　HELLO WORD

　ハッシュ値 ： 　9C6FC86CE68EE141AAF7C861CE50AEE552EFBAA1D4EF
74A35D3D6AF54479D3194D7476427C43E406551014B2481283905BCF2DD
51F96AEF05003F637327F5149

　ご覧のように、1文字しか変わらないがハッシュ値はまったく異なった値
となる。また、ハッシュ値からは元の文字列を特定するのは困難である。
　この技術は一般に用いられている。例えば、パスワードの管理である。多
くの WEB サイトでパスワード認証が求められているが、ウェブサイト運営
者側では、パスワードではなく、パスワードから得られるハッシュ値を持っ
ており、入力されたパスワードからハッシュ値を求め照合をしている。運営
者が持つハッシュ値が流出したとしても、元のパスワードを復号することは

困難なためである。また、インターネット通信の暗号化にも利用され、これは暗号技術の一分野でもある。

（3）コンセンサスアルゴリズム

　コンセンサスアルゴリズムとは、ネットワーク上の分散処理において、参加者間で合意を取る方法のことである。ブロックチェーンは、不特定多数の参加者でデータを管理するため、参加者間で合意（コンセンサス）を取る方法が必要となる。参加者には悪意を持った者がいる可能性もあり、相互に必ずしも信頼できない参加者間でも、十分な信頼性をもって合意を取る方法が必要である。合意を取る内容として、例えば、データが正しいかどうかの検証があり、ビットコインでは、仮想通貨の取引の内容が検証され、参加者間で正しいとの合意が取れて初めて取引が成立する。ブロックチェーンでは、この問題をうまく解決することで、分散型でかつ自律的なデータ管理を実現している。通常のシステムは、データを管理者が管理しているが、この管理者のシステムが乗っ取られたり、管理している組織の中に悪意を持った者がいて、データの改竄を行ったりすることが生じる可能性を完全に排除することが難しい。しかし、ブロックチェーンは、原理的にこの可能性を排除したことが大きな特徴である。

　ビットコイン以前にP2Pネットワークを利用した仮想通貨が存在しなかったのは、この問題が解決できなかったためで、ビットコインで使われているブロックチェーンは、この問題を解決した。完全に解決したかは諸説あるが、実用的な解決策が提示されている。

　この問題について、もう少し詳しくみてみたい。このような問題は、ブロックチェーン以前より存在し、複数の参加者間で合意形成を行う際に、その一部に不正や不具合が生じる可能性がある場合、全体で正しい合意形成ができなくなる問題として「ビザンチン将軍問題」と呼ばれている。ビザンチン将軍問題は、数学者Leslie Lamport博士らにより1982年に提起された。ビザンチン将軍問題という名称は、欧州に実在したビザンツ帝国の9人の将軍が由来となっており、次のような戦場における状況の問題設定である。

　将軍たちは、それぞれの部隊を率いて敵軍を包囲している。各将軍は、そ

れぞれ離れた場所にいて、双方の連絡は伝令を相互に送ることでしか取れない。敵軍に勝つには、一斉に攻撃を行う必要があり、攻撃を行わず撤退という選択もある。将軍の中には裏切り者がいる可能性があり、伝令をすり替える（例えば、攻撃という伝令を受け、他の将軍には撤退と嘘の伝令を送る）可能性もある。このような状況で、どのように攻撃か撤退かの合意形成を行うかという問題である（図4-9）。

　ビザンチン将軍問題は、参加者に信頼できないプライヤーが存在していると、全体としての合意が困難になる、というものであった。そこでビットコインのブロックチェーンでは、「プルーフ・オブ・ワーク（PoW：Proof of Work）」というコンセンサスアルゴリズムが用いられた。

　ビットコインを考えた場合に、例えば、「AからBに10BTC（BTCはビットコインの通貨単位）を送金した」という取引を、ある程度の量をまとめてブロックという単位に記録し、それをつなげていくことで取引記録の台帳を作ってゆく。このときに、誰でも台帳を書き換えることができると、不正な書き込みを簡単に行えることになる。

　ビットコインのブロックチェーンでは、取引内容をまとめたブロックが作

図4-9　ビザンチン将軍問題

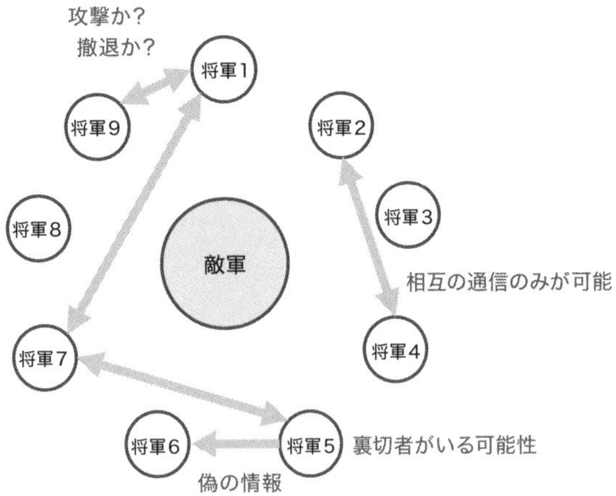

出所：みずほリサーチ&テクノロジーズ作成

成され、前のブロックとつなぐために、ある数学的な問題を解き、問題をいち早く解いた人が、他の参加者に答えを含む新しいブロックのデータを送信する。他の参加者は、自らが持っている過去のデータとの整合性が取れていることを検証し、確認がされると、正しいブロックが生成される。この計算を解く作業を通じてコンセンサスを取る方法を「プルーフ・オブ・ワーク」と呼ぶ。

　ブロックチェーンは、同じデータを分散して複数保存しているため、参加者の一部がデータを改竄し、そのデータが正しいと主張しても、他のノードには改竄前のデータが保存されている。このとき、いずれのデータが正しいかの判断として、ビットコインでは最も長く伸びているチェーンのデータが正しいデータと見なされる。改竄者が自らのブロックが正しいと主張するためには、現存する正当なチェーンを超えてチェーンを伸ばす必要がある。改竄したデータは、他の参加者には承認されず、他の参加者は改竄された側のデータが含まれるチェーンは伸ばさないため、改竄者は自ら計算を行い、チェーンを伸ばし続けて、正当なチェーンを超えてチェーンを伸ばす必要がある。そのためには、他の参加者が持つすべての計算能力を上回る計算能力で数学的な問題を解き続けることが必要となる。実際に、そのような計算能力を持つことは非常に困難であり、仮に一部の利用者が圧倒的な計算能力を持ったとしても、その利用者が改竄などの不正を行うと、仮想通貨の信頼性が損なわれ、不正者が所有する仮想通貨の価値が損なわれ、自らに不利益を与える行為となり、合理的でなくなる。

（4）電子署名

　電子署名は、データに付与する電子的な印のことで、主に本人確認や改竄検出に使用される。ブロックチェーンでは、取引の際に送信者の正当性を保証するために用いられる。送信者（Aさん）は取引の内容（送信する通貨量など）とともに電子署名を付加して、受信者（Bさん）へデータを送信する。受信者（Bさん）は送られた電子署名を検証し、間違いなく署名した本人から送られたデータであることを確認する。また、受信者（Bさん）が受け取ったもの（仮想通貨など）をさらに別のCさんへ送る場合、Aさんからの電子

署名が必要となる。このため、Bさんは受け取ったものだけを他の人に送る
ことができ、誰からも受け取っていない架空のものを送ることはできない仕
組みとなっている。

　以上ブロックチェーンの要素技術について解説を行ったが、最後にブロッ
クチェーンの種類について述べる。ブロックチェーンは、ビットコインの実
装として始まり、その後さまざまなブロックチェーンが開発されている。そ
の中には、利用できる参加者を限定し、特定の組織中だけや特定の組織グ
ループ内のみとしたブロックチェーンも生まれている。このようなブロック
チェーンは、「プライベート・コンソーシアム型」と呼ばれる。一方、自由
に参加、取引、ブロックチェーンデータへのアクセスが可能である場合、「パ
ブリック型」となる。

　パブリック型の代表例としてビットコインやイーサリアムがあげられる。
通常、ブロックチェーンを仮想通貨として使用する場合、任意の相手に送金
できる必要があるため、パブリック型のブロックチェーンが利用される。

　一方、プライベート・コンソーシアム型の代表例として「ハイパーレッ
ジャー・ファブリック」があげられる。企業内や特定の企業間でデータを共
有する分散台帳としてブロックチェーンを利用する場合、データは、第三者
にはアクセスできないようにする場合が多い。また、パブリック型の場合は、
不特定多数の参加者間で合意を得るため、厳格な合意形成の仕組みが必要と
なるが、参加者が信頼できるという前提があれば、この合意形成をシンプル
なものにすることができる。そのことにより時間当たりで記録できる速度（処
理速度）を向上させることができる。また、ビットコインなどで行うコンセ
ンサスを得るために行う計算（通常は多くの計算が必要で、多くの電力が必
要）を省略できる。プライベート・コンソーシアム型は、ブロックチェーン
が仮想通貨の用途から企業の情報システムでの利用に広がる際のニーズに応
えたものだといえる。

4.2.5. ブロックチェーン技術の技術的課題

　ビットコインに始まり、さまざまなブロックチェーンが現在開発されてい
るが、いくつかの技術的課題が存在する。代表的な3つの技術的課題を説明

表4-2 ブロックチェーンの種類

	パブリック型	プライベート・コンソーシアム型
参加者	不特定多数	限定的（承認された参加者）
管理者	なし	あり
合意形成	厳格な承認が必要	簡易な承認とすることができる
性能	一般的に処理速度は高くない	一般的にパブリック型に比べて速い
用途例	仮想通貨	分散台帳
代表例	ビットコイン、イーサリアム	ハイパーレッジャー・ファブリック

出所：みずほリサーチ&テクノロジーズ作成

する。

　1つ目は、スケーラビリティの課題である。スケーラビリティとは、利用者や処理量の増大にシステムが適用できる能力・度合いのことである。ビットコイン場合データを書き込むブロックのサイズやブロックの生成速度が決まっており、単位時間に処理できる取引回数に上限が存在する。一般的にブロックチェーンは、利用者や処理量が増大するとシステムの処理能力が低下する。対策として、プライベート・コンソーシアム型を用いることで合意形成に参加するノード数を減らしたり、簡易な承認方法としたりすることで処理速度を上げることや、処理の一部をメインのブロックチェーンとは別のところで行うオフチェーン化などが行われている。

　2つ目は、入力データの正しさをいかに保証するかという課題である。ブロックチェーン上に記録されたデータは改竄が困難であるが、ブロックチェーン外の情報をブロックチェーンに取り込むデータの入力部分でデータの信頼性を十分に担保できるようにする必要がある。対策として、例えば、サプライチェーン上のもののデータをブロックチェーンで管理する場合、ものとデータが一致するよう、データの入力部でものに張り付けられたタグやバーコードを用いることや、ものを画像認識で自動に認識したりすることでデータの信頼性を高める取り組みが行われている。

　3つ目は、異なるブロックチェーン間のデータのやり取り（相互運用）の

課題である。ブロックチェーン技術の利用が進むと、さまざまなシステムにそれぞれのブロックチェーンが組み込まれ、システム間で連携をする場合、異なるブロックチェーン間で通貨や資産の移転、データの共有を行う必要がある。このとき、直接異なるブロックチェーンをつなげる「クロスチェーン」と呼ばれる技術や、間接的にブロックチェーン間でデータのやり取りを行うインターフェースの整備・標準化が必要となる。これらの技術は現在開発が進められている。

ソラミツは、日本を代表するブロックチェーンを活用したデジタル通貨開発企業である。代表取締役社長の宮沢和正氏（取材当時）にブロックチェーンの活用可能性と展望について、対談を実施させていただいた。

対談 「ブロックチェーンの活用可能性と展望」

本日は、ありがとうございます。
それでは、ブロックチェーンについてお話を伺っていきたいと思います。
ソラミツなどが開発に貢献しているブロックチェーン「ハイパーレジャーいろは」について、カンボジアでのブロックチェーンの導入などについてお伺いしていきたいと思います。また、技術標準化など国際的な動向についてもお話しいただきたいと思っています。最後に、本書のテーマであるエネルギーとの関連についても議論できればと思います。それでは、どうぞよろしくお願いいたします。
まず、メインのテーマに入る前に宮沢さんのこれまでの経歴などについて伺いたいと思います。

宮沢：私は、ソラミツに 2017 年入社しまして、現在は代表取締役社長です。最初は COO（最高執行責任者）として入社し、この 2020 年の 3 月から代表取締役ということになりました。

　過去には、楽天 Edy を 2001 年に創業しました。以来、この電子マネーの領域で事業を推進してきました。楽天 Edy は、非接触 IC カードを使った電子マネーです。電子マネーの草分け的な存在で最も早くに事業化をして、その後に Suica やPASMO などが出てきたということになります。2008 年には、金融庁の金融審議会の委員になりまして、現在の資金決済法の法制度にも貢献をしてまいりました。

　Edy は、海外展開を目指した電子マネーでもありました。Edy の名前は、ユーロ、ドル、円の頭文字を取ったものです。ところが海外展開についてはうまく進みませんでした。難しかった要因としては、非接触 IC カードの FeliCa が ISO（国際標準化機構）の規格を取れていなかったこと、あるいは金融事業を海外で進めていくことの難しさがあったように思います。

　その後、Bitcoin や Alipay、WeChat Pay などが出てきました。ブロックチェーンという技術に出会ったのはこのときで、この技術であれば世界と勝負できるので

はないかと考え、ソラミツに転職しました。

　海外展開の可能性や技術的可能性を感じられてソラミツでの事業を推進されているわけですが、現在は「ハイパーレジャーいろは」というブロックチェーンの開発に貢献されておられます。「ハイパーレジャーいろは」の概要についてお教えください。

宮沢：ソラミツでは、2016年より「いろは」という独自のブロックチェーンを開発していました。当初から意識をしていたのは、日本のガラパゴスな技術にならないように世界標準の技術を目指していることです。そのために The Linux Foundation が運営をするハイパーレジャープロジェクトに参加をして、オープンソースソフトウェアとして世界標準になることを狙いました。このプロジェクトには世界中から260社程度が参加をしていましたが、その中から標準となり得る候補のブロックチェーンを選ぶことになりました。

　2016年に3つの技術が選ばれました。約260社の中で選ばれたのはIBM、インテル、そしてソラミツの3社が提案するものでした。IBMやインテルといった世界的な企業と並んでまったく無名のスタートアップ企業であるソラミツの技術が標準候補として選ばれたわけです。そして「ハイパーレジャーいろは」という名称に変更になり、ソラミツは、すべての権利をハイパーレジャープロジェクトに譲渡し、オープンソースソフトウェアになりました。現在もソラミツを含む世界中のエンジニアが参加して開発が続けられています。

　2019年5月には、セキュリティ、脆弱性などのテストに合格し、商用バージョン1.0として全世界に公開しています。オープンソースのソフトウェアですので無料で利用することができ、またソースコードも公開されているため、利用者がセキュリティなどの検証をすることが可能になっています。現在も数百人の世界中のエンジニアが「ハイパーレジャーいろは」の改善に協力をしています。

　次に、「ハイパーレジャーいろは」の特徴について説明をしたいと思います。ひとつの大きな特徴は、非常に高い処理能力と処理速度です。ビットコインは、ひとつの取引の処理に10分必要とし、1秒間に7件程度しか処理ができないといわれています。また、ファイナリティがないため、例えば、金融決済などにも用いることが困難であるともいわれています。ファイナリティがないということは、一度、書き込んでも将来的に結果が覆されてしまう可能性があるということです。また、すべてのトランザクションが、誰でも見ることができるようになっており、プライ

バシーの観点から問題があるともいわれています。また、取引には秘密鍵が必要になりますが、例えば、スマートフォンの中に格納した秘密鍵をスマートフォンごとなくしてしまった場合に、取引ができなくなるということも発生しています。また、イーサリアムなどは特殊な開発言語を採用しているため、開発可能なエンジニアの数が少なくコストも高いなどの課題があります。

　我々が提案をする「ハイパーレジャーいろは」は、これらの課題を解決するように設計されています。２秒以内に取引が完了し、１秒間に数千件の取引が実行できます。プライバシー保護にも気を使っており、必要な人にのみ必要な情報を公開するような設定が可能です。特定の人に特定の権限を持たせるといった柔軟な運用が可能になっています。また、秘密鍵の紛失に対しても本人確認のうえで、秘密鍵の再発行を行う対応ができるようにしています。また、開発面の特徴としては、開発および導入が簡単にできるように設計されています。例えば、Python や Java など一般的な言語でアプリケーションを開発することが可能です。また、すべてのサーバー、ブロックチェーンでは「ノード」と呼びますが、単一障害点がないように設計されています。他社のある種のブロックチェーンでは、単一障害点が残った設計になっています。

**　お話を伺っていると金融との相性の良いブロックチェーンと思います。実際にユースケースの中でも金融領域が多くなっています。もともと「ハイパーレジャーいろは」は、金融向けのブロックチェーンとして開発されたのでしょうか。あるいは既存のブロックチェーンの課題を解決する汎用的なものとして開発されたのでしょうか。**

宮沢：もともと汎用的なものとして、さまざまなユースケースに対応できるように設計されています。金融以外にもサプライチェーンのトレーサビリティや本人確認（アイデンティティ）の領域で使うことも想定されています。あるいは再生可能エネルギーを特定してエネルギーの流通に使うことなども想定されています。

**　多くの産業を想定しているということですが、実際にユースケースとしては、どのようなものがありますか。**

宮沢：最初のユースケースとしては、本人確認アイデンティティの分野で楽天証券と実証実験を実施しました。ひとつの企業で本人確認を行った場合、他の企業、銀

行などで本人確認済みの情報を共有することができるシステムを開発しました。このシステムは、海外ではインドネシアの BCA という商業銀行に導入されています。2つ目はデジタル通貨の分野で、まず福島県の会津若松市で実証実験を実施しました。その後、カンボジアの中央銀行と共同開発し、カンボジアにおける中銀デジタル通貨として開発を進め、2020 年 10 月にすべての国民が使える送金・決済システムとして正式運用を開始しました。このシステムは、ブロックチェーンを用いた世界で初めての中央銀行が発行する実用化されたデジタル通貨になりました。3つ目の分野として、保険の契約を自動化するスマートコントラクトを用いた開発も行いました。保険の契約から支払いまで電子的に行い、最終的にはデジタル通貨で保険金を支払うということを実証しました。さらに4つ目として証券分野では、証券の保管振替業務をブロックチェーン上で行うプロジェクトを推進しています。これは、モスクワ証券取引所と進めており、すでに稼働しています。実証実験のレベルですが、食品や天然ゴムのトレーサビリティをブロックチェーン上で管理するシステムも検討しています。そのほかにも中古車の修理や整備状況などの履歴をブロックチェーン上に記載し、適切な価格で取引ができるような仕組みも検討を進めています。

**　多くの実績があるなかで、実運用ということを踏まえた場合にカンボジアのプロジェクトは非常に先進的であると思っています。カンボジアのプロジェクトは、どのような経緯で始まったのでしょうか。**

宮沢：2017 年にカンボジアの中央銀行であるカンボジア国立銀行から当社に問い合わせがあったことがきっかけです。当時、ソラミツでは、世界中でプレゼンテーションなどを行っており、それが契機となってカンボジア中銀のデジタル通貨として「ハイパーレジャーいろは」が使えないかとの打診をいただきました。その後、正式にカンボジア国立銀行の中銀デジタル通貨に関する入札があり、結果としてソラミツが受注することになり、共同研究開発の実施に至りました。実は、このプロジェクトは当初、私自身がプロジェクトマネージャーとして統括をしており、細かな仕様の策定から設計・開発までマネジメントをしました。3 年ほどの開発とテスト期間を経て、2020 年 10 月から正式運用に至っています。現在では 18 のカンボジア内の銀行などが参画し、カンボジア国民が決済や送金などに利用しております。

入札があったということですけれども、国際的なプロジェクトということで御社以外にも、多くの企業が応札したのではないかと思います。そのなかでソラミツが受託できた要因というのは、どのあたりにあるのでしょうか。

宮沢：まず大きな要因として、他社と比較して高い処理性能や処理速度などの優位性があります。1秒間に数千件の処理ができるブロックチェーンということで評価をいただきました。第2の要因としてプライバシー保護や、秘密鍵の管理などに関してセキュリティやフレキシビリティが高いということで評価をいただきました。第3の要因として開発の容易さがあります。カンボジア国内のエンジニアが開発可能な Java や Python で容易に開発できるという優位性が大きな要因でありました。

カンボジア国立銀行とは共同開発という体制だったと思いますが、それぞれの役割は、どういったものだったのでしょうか。

宮沢：プロジェクトの体制として、ソラミツ側では約30名のエンジニアをプロジェクトにアサインしました。アプリケーションの開発やサーバーバックエンドシステムなどの開発をしました。カンボジア国立銀行では、仕様作成を主に担っていただきました。どのように使われるのか、どのような機能や性能が必要なのか、既存システムとの連携などの仕様を固めてもらいました。加えて全体のアーキテクチャーやセキュリティポリシーなども国立銀行から要求仕様をいただいています。加えて運用はカンボジア国立銀行で行うので、運用を見越して多くのエンジニアがカンボジアから参加していました。

御社の開発を振り返ってみると、日本で実証実験を行い、海外で実運用を行うという例が多いように思います。日本においては、ブロックチェーン技術の実証実験は行われている一方で、実運用が出てこないという課題があるように思います。このあたりの背景などがありましたら教えください。

宮沢：大きく2つの要因があると思っています。1つ目は、日本はすでに既存システムが出来上がっており、これを壊してまた新しいシステムを導入するということはハードルが高いという側面があります。もうひとつの要因としては、マインドがあると思います。残念ながら現在の日本では、新しいものにチャレンジするということが難しい状況になっているように感じます。新しい技術の導入に対して、新興

国のほうが積極的でスピード感をもって意思決定ができています。例えば、「カンボジアでは、既存の金融システムがないためにブロックチェーンシステムが導入できた『リープフロッグ現象』が起きている」と指摘する方もいますが、実際に当局者と話をすると、彼らは5年後、10年後、どうありたいのかといったビジョンについて非常に先見の明を持っていると思います。また、技術への理解についても柔軟で正確であるといえます。それに加えて決断力、勇気があると思います。1980年代、1990年代の日本企業は、積極的な海外進出や新しい技術へのチャレンジをしていたと思いますが、残念ながら現在では守りに入ってしまっている企業が多いのではないでしょうか。既存の技術、既得権益を守ろうとすることが新しい技術の導入を妨げているように見えます。

　非常に耳が痛い話です。しかしながら、実証実験と実運用では見なければならない技術の幅、深さが大きく異なってくるように思います。実運用を見据えた開発やマネジメントでどのような示唆がありますか。

宮沢：本番を見据えたシステム開発では、正常系は3割程度、7割は異常系になります。例えば、ユーザーが携帯をなくす、サイバーアタックがある、内部犯行が起きるなどのイレギュラーなケースへの対応が求められます。こういったさまざまなイレギュラーケースを想定して、すべてリストアップし、対応をしていくことが必要になります。本番を見据えた開発では、まず初めにプロトタイプを開発しますが、異常系を含んだプロトタイプを構築します。異常系の開発については、私自身がEdy の開発を行っていたため、電子マネーにおけるあらゆる事態を想定することができたというのが大きいと思います。異常系も含めたプロトタイプを運用してみて、その結果を踏まえて本番システムを開発するような順序で開発を進めました。本番系の開発には1年半程度を要しました。

　実運用を見据えて、かなり深い議論をカンボジア側と進めてこられたと思います。ハイパーレジャーの枠組みで考えると、このような中央銀行との活動は、オープンソースソフトウェアとしての「ハイパーレジャーいろは」に対する貢献があったと考えてよいのでしょうか。

宮沢：まさにそのとおりです。当初は想定していなかった機能が数多く追加されております。この2年間で、カンボジア国立銀行のシステムとしてだけではなく、「ハ

イパーレジャーいろは」としても進化をしています。これは、我々自身がブロック
チェーンの開発に貢献しているからこそできたことだと思います。例えば、「ハイ
パーレジャーいろは」の中には三権分立という考え方があります。これもカンボジ
ア国立銀行との開発の中で、必要になった考え方です。

　司法・行政・立法が独立しているように、例えば、カンボジア国立銀行が国民の
資産を勝手に閲覧したり移転したりすることができないようにしています。しかし
一方で、例えば、マネーロンダリングが疑わしいようなケースでは、当局が資産の
移動について制限をかける必要がありますが、これは、各銀行が勝手にできるので
はなく、司法の許可を得た上で制限をかける、このような思想に基づいて三権分立
という考え方を導入しています。

**　ブロックチェーンは、よく発展途上の技術であるといわれます。現在も多くのコ
ンソーシアムや企業が独自で提案したブロックチェーンなど、多くのものが出てき
ています。その中で技術標準化について、特に今後５年程度のタイムスパンの中で、
どのような展望があるのでしょうか。**

宮沢：私自身が ISO TC 307 ブロックチェーンの国際標準化の日本代表委員を務
めています。現在は、リファレンス・アーキテクチャー、標準となるブロックチェ
ーンのアーキテクチャーやターミノロジー、つまり、専門用語の定義がほぼ合意で
きたところです。現在の主な論点としてインターオペラビリティがあります。これ
は異なるブロックチェーン間の接続仕様を定めていくというものです。インターオ
ペラビリティが実現すれば、異なるブロックチェーンが接続され、異なるブロック
チェーン間での価値のやり取りが可能になります。我々は、「トラステッド・イン
ターネット」と呼んでいますが、世界中のブロックチェーンを接続することで現在
のインターネットのレイヤーの上に、このブロックチェーンのレイヤーを作り、改
竄やコピーのできない価値をインターネット上で世界中に配信できる世界を創ろう
と考えています。そのほか、ブロックチェーンに関連するものは、本人認証やアイ
デンティティを確認する標準的な技術としてブロックチェーンの活用が議論されて
います。W3C（World Wide Web Consortium）は、分散型 ID という、さまざま
な国や地域がそれぞれ分散してデジタル ID を発行しても、それらが重複すること
がなく、相互運用が可能な技術標準仕様を定めています。さまざまな技術標準化を
行いながら発展をしていくのが、このブロックチェーンの世界だと思います。

国際標準化を議論する際に、標準化するという側面だけではなく、競争するという側面も注目されることがゲームのルールを決めるという動きがあります。ブロックチェーンの世界では、どのようなプレーヤーがパワーを持って標準化をリードしているのでしょうか。

宮沢：ブロックチェーンの技術標準化では、特定の国が力を持っているというような状況ではありません。世界の多くの国が参加し、もちろん日本も議論に参加できています。その意味では良い形で標準化が進んでいるように感じます。そのなかでも力を持っているプロジェクトとしてハイパーレジャーがあげられます。ハイパーレジャーのメンバーである、例えば、IBMやインテルのような強力なプレーヤーも積極的に参加をしています。ハイパーレジャーがひとつの標準のモデルとして協力しながら、標準化を進めている部分があるように思います。

　そのようなハイパーレジャーの活動の中に、日本のスタートアップであるソラミツが参加をしているのは非常に頼もしく思えます。国際標準化では、FeliCa の国際標準を巡って日本で問題になったことは記憶に新しいところです。
　さて、本書では、エネルギー分野とブロックチェーンがひとつのテーマになっています。ソラミツでは、電力業界との実証実験なども行なっていると思います。電力業界でのブロックチェーンの活用の可能性や展望について、ご意見をいただきたいと思います。

宮沢：電力とブロックチェーンでは、２つの側面があるように考えます。まず直接的な関係として、例えば、P2P 電力取引のようなものにブロックチェーンを使っていく可能性です。この領域では、多くのプレーヤーが実証実験を行っており、我々でも P2P 電力取引に向けた検討を行っています。分散型エネルギー社会を考えた場合に、中央集権的な管理の仕組みではなく、分散型の管理手法としてブロックチェーンは有力な技術だと思います。例えば、P2P 電力取引で頻繁に電力の売買を行う場合には、一種のトークンを用いることが有効な手段となり得ます。このときに電力業界のみで使えるトークンではユーザビリティが低いため、例えば、地域通貨であったり、国が発行するデジタル通貨などと連携していく必要があると思います。こういった考えを拡大した場合に、例えば、スマートシティのような文脈で MaaS や EV、自動運転などの決済の領域で使われることが想定されます。また、さまざまな交通手段で共通のトークンで支払うというシステムも考えられます。自

動運転のシェアリングを考えた場合には、人が介在しなくなるために電子的な手法で支払いができることが重要になります。このような考え方でスマートシティを考えた場合には、決済とアイデンティティによる認証をどうするかが非常に重要になってくるため、ブロックチェーン技術が有用になるのではないかと考えます。コミュニティがあって、インターオペラビリティが確保されていると、異なるコミュニティとの相互のやりとりが可能になります。地方創生の文脈でも重要になる技術です。食料品の地産地消だけではなく、電力、通信、金融、医療、データなどを地産地消し、さまざまな付加価値が地域に落ちていく、そのような仕組みが必要になると考えています。中央がすべての付加価値を取っていくという時代は変わっていくのでないかと考えます。

　「分散型エネルギーと分散処理」というテーマを考えたときに、例えば、決済の仕組みとしてブロックチェーンがあげられることはよくありますが、それは既存のシステムでも一定程度実現できるように思います。本質的にブロックチェーンを使う意味は、どこにあるのでしょうか。

宮沢：確かに交通系 IC カードや QR コード決済などが普及すれば、既存のシステムでも、つまり、ブロックチェーンを使うことなく電子的決済手段が実現されるのではないかという意見があります。これらの既存の決済システムでは、決済手数料が高い、店舗の資金繰りが悪くなる、相互運用性がないなどの課題があります。既存の決済システムでは、利用者がいくら支払ったという情報が店舗に送られるのみであり、この支払い情報を月末締めでまとめて、利用者の現金が複数の金融機関を経由して店舗に振り込まれます。店舗への振り込みには 1 カ月ほど時間がかかるため、店舗の資金繰りが悪くなります。また、複雑なシステムや複数の金融機関を経由するため、多額の決済手数料がかかります。現金であれば、売上をすぐに仕入れに使うことができます。ところが、既存の電子的な決済手法では、売上をすぐに仕入れに回すことはできません。日本は、政策的にキャッシュレス決済を進めていますが、中小企業を中心に資金繰りが悪化しています。これに対して政府系金融機関が短期的な融資を行う事例もあるなど、本末転倒な状況が発生してしまっています。これに対して、ブロックチェーンを活用して作られたデジタル通貨は、データそのものが価値を持っているので、現金と同じように受け取ったらすぐに利用することができ、店舗の資金繰りを改善します。また、金銭的な価値は、利用者から店舗に直接渡され、複数の金融機関を経由しないため、決済手数料がほとんどゼロに

なります。

　もうひとつの現在の決済システムの課題は、相互運用性がないことです。例えば、Suica にチャージをしたお金は、Paypay に移すことはできないため利用者は不便を感じています。技術的な相違点があることと、もともとのシステム設計時に標準化が話し合われていないため、相互運用の仕組みを構築するには莫大な投資がかかると思われます。また、莫大な投資をかけて相互運用性を担保することは、事業者にとってメリットはありません。そのため、民間事業者に任せていては、相互運用性を確保することは難しいでしょう。したがって、日本銀行がデジタル通貨を発行して相互運用の橋渡し役となるなど、政策的に進める必要があります。

　デジタル通貨のメリットについて非常にクリアに理解できました。また、エネルギーの世界では、「分散型エネルギー」や「地方創生」といったキーワードがよく出てきます。こういったテーマに対して、ブロックチェーンは非常に相性がよいと思います。

　本日は、ありがとうございました。

5章

分散型エネルギー社会における
ブロックチェーン技術と
P2P 電力取引

　ブロックチェーン技術は、これから訪れる分散型エネルギー社会、さらには P2P 電力取引と親和性の高い技術のひとつである。本章では、ブロックチェーン技術が将来の分散型エネルギー社会のビジネスにおいて、どのように活用され得るかについて検討する。また、P2P 電力取引について具体的な内容や分類を示し、課題を含めた議論をする。

5.1. 分散型エネルギー社会における　ブロックチェーン技術の活用可能性

　これまで、議論してきたとおり、今後の分散型電源（DER：Distributed Energy Resources）の普及進展によって、電力システムや、その中での電力取引方法が異なってくると考えられる（図5-1）。ここでは、それら電力取引の変化を踏まえ、そのなかで将来どのようにブロックチェーン技術が活用され得るかについて検討する。

（ I ）フェーズ I ：集中型電源を主としたモデル（従来電力システム）

　フェーズ１は、DER 普及が低い時期で、すべての需要家が「小売電気事業者」を介して発電所や卸電力取引市場からの電力を購入している。この

図 5-1　電力システムの推移

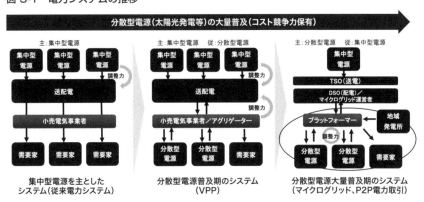

出所：みずほリサーチ&テクノロジーズ作成（再掲、図1-13）

フェーズにおいては、現行の制度上、電気を販売するのは「小売電気事業者」である必要がある。このため、現行の制度・市場で実施可能なモデルとして、ブロックチェーンは、実際の「電力取引」ではなく、どの電源から、どれだけの電力を使用したかといった取引結果を事後に記録し、二酸化炭素排出量情報などのデータを共有して利用する「電源トレーサビリティの記録」に使用することが考えられる。これにより需要家は電源を、例えば、今使用している電力は、再生可能エネルギー由来なのか、それ以外なのかを随時データとして確認することができるようになる。特に昨今多くの企業が参加を表明している再生可能エネルギー100％を目指す「RE100」では、どの再生可能エネルギー電源から調達したかを紐づけて追跡可能（トレーサブル）にしておくことが必要であり、この仕組みが活用できる。

　もちろん、これらの取引情報を従来のように管理者を置いて行う方法もあるが、ブロックチェーンに載せることで、これらの取引情報は図4-4に示したように中央管理者なしの分散型台帳に記録される。情報は参加するステー

図5-2　DER普及率低でのブロックチェーン活用例

フェーズ１：集中型電源を主としたシステム（従来電力システム）

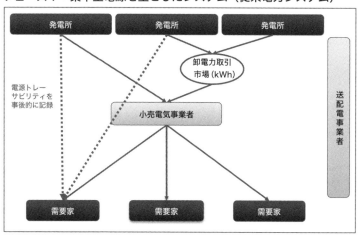

実線は契約上の電力取引の流れ
点線はブロックチェーン技術を活用する範囲

出所：みずほリサーチ&テクノロジーズ作成

クホルダーで共有化できるようになるため、より参加しやすい仕組みとなる。また、中央管理者を立てる場合でも、この取引情報の記録にブロックチェーンを使うことで、情報の改竄ができなくなるため、ベンチャー企業をはじめまだ社会的信頼が確立していない企業などが中央管理者として活躍することも可能となる。

　今後は、例えば、発電所から取得するデータや、それを測定する機器を国際標準化し、国際的な排出権取引などの仕組みにも応用ができる可能性もある。

（2）フェーズ２：分散型電源普及期のシステム（VPP）

　フェーズ２は、DER普及が中程度に進んだ時期で、DERを運用する需要家が増える。また、需給調整市場が出現し、需要家もデマンドレスポンスとして送配電事業者が系統安定化のため必要とする調整力に寄与することが可

図5-3　DER普及率中でのブロックチェーン活用例

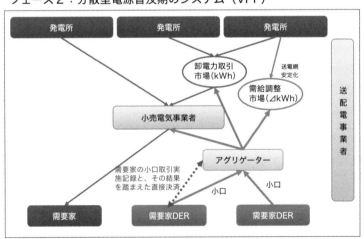

実線は契約上の電力取引の流れ　　　　　国内では2021年度から需給調整市場が設立予定
点線 はブロックチェーン技術を活用する範囲

出所：みずほリサーチ&テクノロジーズ作成

能となる。これらの取引は、1件あたりの取引量が小さく、それらをアグリゲーターが取りまとめるが、需要家とアグリゲーターの間での取引金額は少なく、通常の決済方法では、取引金額に対して相対的に管理コストが高くなることが課題となる。そこで、ブロックチェーン技術を活用し、「小口デマンドレスポンスの取引記録と直接決済」することが考えられる。

　需要家の機器において、デマンドレスポンスが実施されたことを記録し、スマートコントラクト機能を活用して、その対価支払を自動的にトークンで精算する。デマンドレスポンスの記録と、決済業務が自動化されることで、アグリゲーターにとって手間のかかる管理コストが低減できる可能性がある。

　ここでは「仲介事業者」としてアグリゲーターが考えられるが、図4-3「仲介事業者の中抜き」で示したように、将来の電力市場の設計次第ではアグリゲーター（仲介事業者）を中抜きし、直接需要家（調整力の提供者）と送配電事業者（調整力の利用者）のやり取りを可能にすることも考えられる。

（3）フェーズ3：分散型電源大量普及期のシステム
　　（マイクログリッド、P2P電力取引）

　フェーズ3は、さらにDER普及が進んだ時期で、需要家にDERが標準で設置され、自家消費が電力活用の中心となる。そうなると系統から電力を調達するより、DERからの余剰電力を配電網内の需要家同士や、それら余剰電力が集う「DER取引市場」で取引したほうが合理的になる可能性がある。また、同時に分散型電源の大量導入による配電の混雑などにより、配電下における調整力も、このDER取引市場で行われる可能性がある。欧州では送電運用（TSO）と配電運用（DSO）が分かれており、英国で実証されているLocal Energy MarketやPiclo Flexibility Marketなど一部の海外では、すでにDSO下でのDER電源の取引市場の実証が開始している。

　このような状況において、ブロックチェーン技術は、需要家がその他の需要家やDER取引市場と電力の取引内容を決定し、その決済をトークンで自動的に実施する「小口需要家におけるP2P取引」に利用される可能性がある。ここでも、小口取引のため、フェーズ2と同様、小売電気事業者はトークン

図5-4 DER普及率高でのブロックチェーン活用例

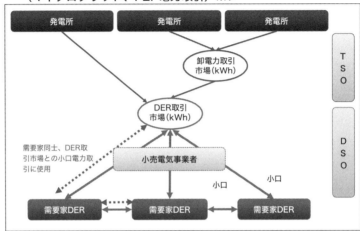

フェーズ３：分散型電源大量普及期のシステム
（マイクログリッド、P2P電力取引）※＞

実線は契約上の電力取引の流れ
点線はブロックチェーン技術を活用する範囲

※確立したモデルは存在しない、あくまで一例

出所：みずほリサーチ&テクノロジーズ作成

による管理コストの低減メリットを享受できる。

　なお、P2P電力取引には、プラットフォーム事業者として小売電気事業者を介した取引も考えられるが、図4-4「プラットフォーム事業者の代替」で示したように、小売電気事業者（プラットフォーム事業者）なしで電力の提供者（DER運用需要家）と電力の利用者（需要家）が直接P2P電力取引を実現する可能性も考えられる。特に、この場合、取引相手が非常に多様化するため、図4-3で説明したように与信リスクを回避するためのトークン先払いによる直接決済の仕組みに、ブロックチェーンが活用される可能性がある。

　シェアリングエネルギーは、最先端のビジネスモデルを追及し続けている先端企業である。国内でいち早く太陽光発電の第三者所有モデルを始めた。P2P 電力取引も豪州のブロックチェーン技術企業である Power Ledger と提携して検討しており、新しいビジネスモデルの可能性を探索している。

Power Ledger のプラットフォームを活用した P2P 電力取引実証の概要

井口和宏（株式会社シェアリングエネルギー　事業開発室長〈取材当時〉）

　筆者が所属するシェアリングエネルギーは、主に戸建の家庭に対して、太陽光発電システムの第三者所有サービス「シェアでんき」を展開する会社である。初期費用無料、月額料金無料、日中の電気料金も原則無料[※1] で、太陽光発電システムを「利用」することができるというサービスを提供している（利用開始から 10 年後に、需要家にシステム一式を無償譲渡する）。

　太陽光発電システムを所有し、自ら電気を生産する需要家を「プロシューマー」と呼ぶ。シェアでんきを通じてプロシューマーを創造し、このプロシューマーに対するサービスの提供価値をいかに高めていくかが本事業の肝であると考えている。

　豪州 Power Ledger との事業提携は、エネルギーマネジメントサービスの観点でプロシューマーに対する新たな価値を提供するためのひとつの手段という位置付けだ。

　本コラムでは、Power Ledger のプロダクトの概要と、当社が進める実証実験の内容をお伝えしたい。

Power Ledger のプロダクトの概要

　Power Ledger は、豪州のエネルギー領域に特化したソフトウェア開発会社であり、ブロックチェーン技術を活用した各種取引プラットフォームを開発している。2016 年に設立して以来、さまざまな企業（主に小売電気事業者や再生可能エネルギー発電事業者）と提携し、2020 年 10 月時点で 26 件のプロジェクトを 8 カ国で行っている。

　Power Ledger が展開するプロダクトは、電力取引（Energy trading）と環境価値取引（Environmental commodities trading）の 2 つに大きく分けられ、それぞ

れに複数のアプリケーションを有している。以下、主要なアプリケーションをいくつか紹介しよう。

●電力取引（Energy trading）
　・μ Grid
　　マイクログリッド内での電力取引を可能にするソフトウェア。ショッピングセンターや集合住宅、オフィスビルなどで利用可能。
　・xGrid
　　系統を介した発電と消費の2点間の電力取引の決済を管理するソフトウェア。
　・Balance VPP
　　蓄電システムの仮想ネットワークに接続するソフトウェア。電力卸売市場の価格がピークに達したときに、蓄電池内の蓄えた電気を放電・逆潮流させ、蓄電池所有者の投資回収期間を短縮させる。
　・Vision
　　電気のトレーサビリティを保証するソフトウェア。電力需要家は、消費電力の電源構成を選択することができる。

●環境価値取引（Environmental commodities trading）
　・TraceX
　　再生可能エネルギー証明書（REC）やカーボンクレジットなどの環境商品を低い取引コストで効率的に取引するためのソフトウェア。販売者と購入者はTraceX で REC の売買ができる。

　Power Ledger が手掛けているプロジェクトの多くは実証段階だが、一部はすでに商用化している。
　一例として、フランスの ekWateur という再生可能エネルギー100%の電気を供給する小売電気事業者との協業があげられる。このプロジェクトでは、同社の約220,000 世帯の顧客が、それぞれ Power Ledger の取引プラットフォーム（上記、Vision というプロダクト）にアクセスできるようにしている。
　Power Ledger のソフトウェアは、スマートメーターと連携しており、規模・容量・場所を問わずに発電源を自動的に追跡し、トレーサビリティを保証する。そのため、需要家が、このプラットフォームを使うことで、エネルギーの種類、供給元、場所、消費量に基づいてエネルギーミックスを追跡し、選択することを可能にするのだ。

需要家の間では、太陽光や風力などの再生可能エネルギーの利用への関心が高まっており、小売電気事業者は、顧客の需要に対応する必要がある。小売電気事業者は、Power Ledger のプロダクトを活用することによって、既存の顧客を維持するだけでなく、新たな既存顧客の確保及び新規顧客の獲得を期待しているのである。

シェアリングエネルギーが進める P2P 電力取引実証の概要

シェアリングエネルギーは、小売電気事業者であるイーレックスと提携し、Power Ledger のソフトウェアを活用し、P2P 電力取引の技術実証を行っている。プロシューマー側はシェアでんきのユーザー（3件）に、コンシューマー側はイーレックスの需要家（4件）に、それぞれ協力いただいている。なお、小売電気事業者を介しての取引なので、発電源と需要家を紐付けるという意味でバーチャルな P2P 電力取引を意味している（図1）。

それぞれの家庭に NTT 東日本の製品「フレッツ・ミルエネ」を設置し、B ルートサービスを申請し、NTT 東日本と当社間で API（Application Programming

図1　P2P電力取引の実証イメージ

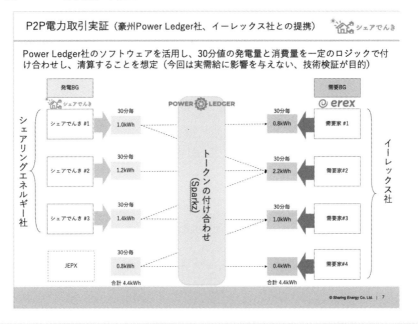

Interface）連携することで、サービス事業者である当社が、各家庭のスマートメーターのデータ（売電量・買電量）を１分値で取得ができるようになる。その後、当社・Power Ledger 間で API 連携することによって、当社が取得したスマートメーターのデータを Power Ledger 側にほぼリアルタイムで送信できるようになっている（図２）。

図2　Bルートを活用したP2P電力取引のデータの流れ

フレッツ・ミルエネによるBルートでのスマメデータ取得

HEMS（NTT東日本製「フレッツ・ミルエネ」）を用いて、スマートメーターデータを取得。API接続して
Power Ledger社にデータを送信し、30分値の売電量と消費量を一定のロジックで付け合わせを行う

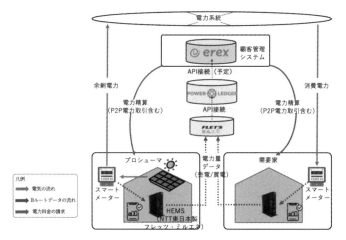

本実証実験では、以下の３つの取引アルゴリズム（価格設定モデル）を試している。

①固定価格でのマッチング
固定の取引価格のもと、「プロシューマーの売電量合計」と「コンシューマーの買電量合計」を比較して、後付けで配分する方式

②ザラ場方式でのマッチング（価格優先）
ユーザーは、買値と売値を設定し、買値が売値以上の価格ペアのみ取引が実行（買い手の価格で決済）

③好みによる優先順位

電源情報（エリア、電力の種類、その他属性）や価格など総合的な判断のもと、売買の意思決定が行われマッチングする方式

P2P 電力取引を通じて、P2P 電力取引によるプロシューマー・コンシューマーの経済合理性を確認し、小売電気事業者の顧客維持・獲得への示唆を得ることを目的としている。

図3　Power LedgerのP2P電力取引の管理画面

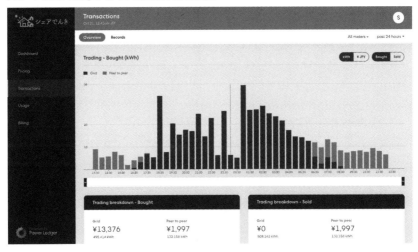

脚注
＊1　2020年度プランの場合

5.2. P2P 電力取引の世界

5.1. にも示したが、ブロックチェーン技術が活用されるひとつの形態に P2P 電力取引の世界がある。3 章では、電力システムの進展から P2P 電力取引が出現する可能性を議論したが、この取引は、将来的にはブロックチェーンによって効率的に実現され得る世界であり、分散型エネルギー社会への移行と、ブロックチェーン技術の出現といった双方のタイミングが合わさって、P2P 電力取引の議論が進んでいる。

5.2.1. P2P 電力取引のスキーム

まず、P2P 電力取引のスキームについて、現在の電力取引スキームとの比較しながら、整理してみよう。

(1) 現在の電力取引スキーム

図 5-5 が現在の電力取引スキームである。需要家は、電力を使用する際には小売電気事業者を通じて購入している。発電所は発電事業者が保有しており、発電所の電力は発電事業者を通じて小売電気事業者に販売される。

この発電事業者と小売電気事業者の間の電力売買は、「相対」でしているケースもあるが、卸電力市場を通じて、小売電気事業者から買注文、発電事業者から売注文がされ、約定し取引しているケースも多い。この卸電力市場を活用した取引量は、発送電分離や小売全面自由化による新電力の増加をきっかけに増えており、現在一般的なスキームになっている。

このケースでは、小売電気事業者、発電事業者双方に、「計画値同時同量」というルールが課せられる。小売電気事業者は、実際の 30 分ごとの需要家全体の実需要量を需要量の計画値と合わせなければならず、発電事業者は、30 分ごとの発電所全体の実発電量を発電量の計画値と合わせなければならない。

発電事業者の発電量、小売電気事業者の需要量の取りまとめる規模が大きければ大きいほど、計画値と実際の値は収斂されるため、計画値と実際の値が大きく乖離するリスクが低くなる。このため一企業だけではなく、複数の

図5-5 現在の電力取引スキーム

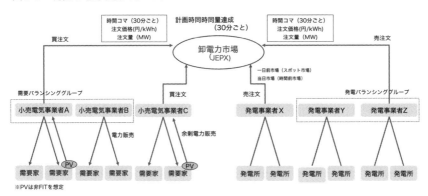

出所：みずほリサーチ&テクノロジーズ作成

企業で需要量、発電量の計画値と実際の値を一致させるバランシンググルー
プを組成しているケースもある。

　この計画と実績の発電量・需要量を、もし合わすことができなかった場合、
各事業者はペナルティーを支払う必要があり、最終的なインバランスの責務
を負う送配電事業者が需給調整市場から調整力を調達してインバランスを達
成することになる。

　近年、需要家に太陽光発電（PV）が導入されているが、これら太陽光発
電の余剰電力は、小売電気事業者が購入している。小売電気事業者は、こ
の太陽光発電が FIT 制度下のものではない場合、余剰電力分を含めた計画
時同時同量を達成する必要がでてくる。小売電気事業者は、このスキームの
中で、これら太陽光発電の買電電力の的確な予測などが求められることにな
るだろう。なお、現在の太陽光発電は大部分が FIT 制度下での電源であり、
この同時同量の責務は、送配電事業者が特例として引き取っており、現時点
は、小売電気事業者には課せられていない。ただし、今後卒 FIT する太陽
光発電が増えることから影響は大きくなるとみられる。

（2）将来的な P2P 電力取引スキーム

　図 5-6 に将来的な P2P 電力取引スキームを示す。もちろん P2P 電力取引

には、さまざまなスキームが想定されるが、このスキームは思考実験として行きつく先の「究極的な」スキームと考えていただければと思う。電力の購入は小売電事業者が、電力の販売は発電事業者が実施していたが、P2P電力取引スキームでは、需要家、発電所にIoT機器の導入によりデジタル化が進むことで、需要家、発電所の個々同士が市場取引を始める。需要家は、この時間ごとに、買注文価格で、買注文量を指定するほか、さらに再生可能エネルギー電源など発電所の嗜好性なども必要に応じて指定する。発電所は、時間ごとに、売注文価格で、売注文量を設定し入札する。これは、市場設計によるが、短期の取引だけではなく、例えば、年ベースでの中長期の取引をすることも可能である。中長期の取引をすることで、発電所にとっては、将来の収入に対する予見性を高めることができる。

　この究極的なP2P電力取引スキームの場合、需要家を取りまとめていた「小売電気事業者」、発電所を取りまとめていた「発電事業者」が必要なくなる。それでは、誰がインバランスを担保するのかということであるが、理論上は、各「需要家」、各「発電所」となる。先ほども述べたが、インバランスリスクは、需要家や発電所を大量に集めれば集めるほど低減するため、単

図5-6　将来的なP2P電力取引スキームイメージ

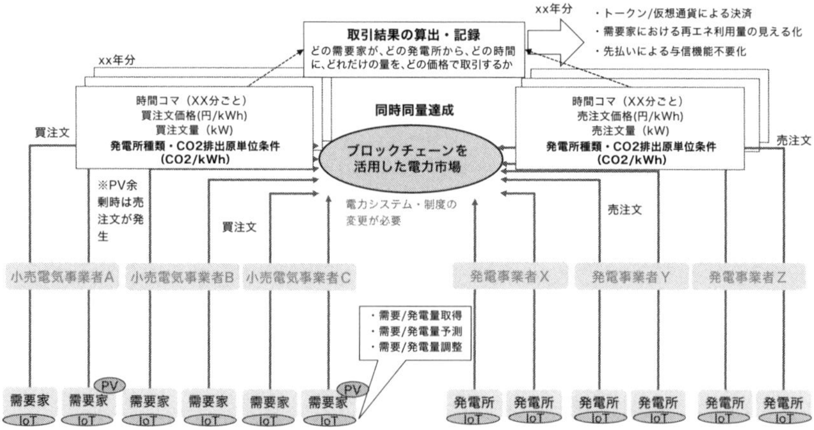

出所：みずほリサーチ＆テクノロジーズ作成

体の需要家、発電所がインバランスの責務を負うことは、現時点の技術では合理的ではない。しかしながら、今後、需要家や発電所に蓄電池などのエネルギー貯蔵技術やデマンドレスポンス技術が普及することで、このスキームが可能になるのかもしれない。

　そもそも現行の電気事業法では、小売電気事業者から電力を供給することになっているので、このような直接的な P2P 電力取引は可能ではない。

（3）現行の電力システム・制度化における再生可能エネルギー P2P 電力取引スキーム

　それでは、現実的な P2P 電力取引スキームはどのようなものであろうか。図 5-7 に現行の電力システム・制度化において実現可能なスキームを示す。

　P2P 電力取引といえども「小売電気事業者」と契約している需要家（プロシューマーを含む）および「発電事業者」が、各社の取引範囲やマイクログリッド内などで、P2P 専用電力コミュニティをつくり、そこで取引をするケースである。インバランスは、従来どおり小売電気事業者、発電事業者が担うが、IoT 機器を導入することでできるだけ需要家、発電所の末端でインバランス調整を行う。

　マイクログリッドにおける P2P 電力取引システムにおける電力、情報などの流れのイメージを示したものが図 5-8 である。各需要家におけるスマートエージェントが、その需要家における需要、発電の予測を行い、必要な取引量を予測、その計画に基づいて P2P 専用電力コミュニティにおいて P2P 電力取引を行う。実需給断面になって、計画と実際の需給が異なる場合、グリッド内のインバランスをできるだけ下げるように蓄電池や需要制御により需要家の中で調整を行う。これにより、エリアにおけるインバランスは、まずは需要家端レベルで制御され、それでもインバランスが起こる場合は、マイクログリッド事業者が処理することになる。

　先に述べたとおり、一般的には、エリア全体でインバランスをみるほうが均し効果により効率的になる可能性があるが、マイクログリッドのような「限定的な」エリアに大量の分散型電源が入り、蓄電池などエネルギー貯蔵技術の価格低減や需要制御の技術が進展すれば、需要家端レベルで調整したほう

図5-7 現行の電力システム・制度化における再生可能エネルギーP2P電力取引スキームイメージ

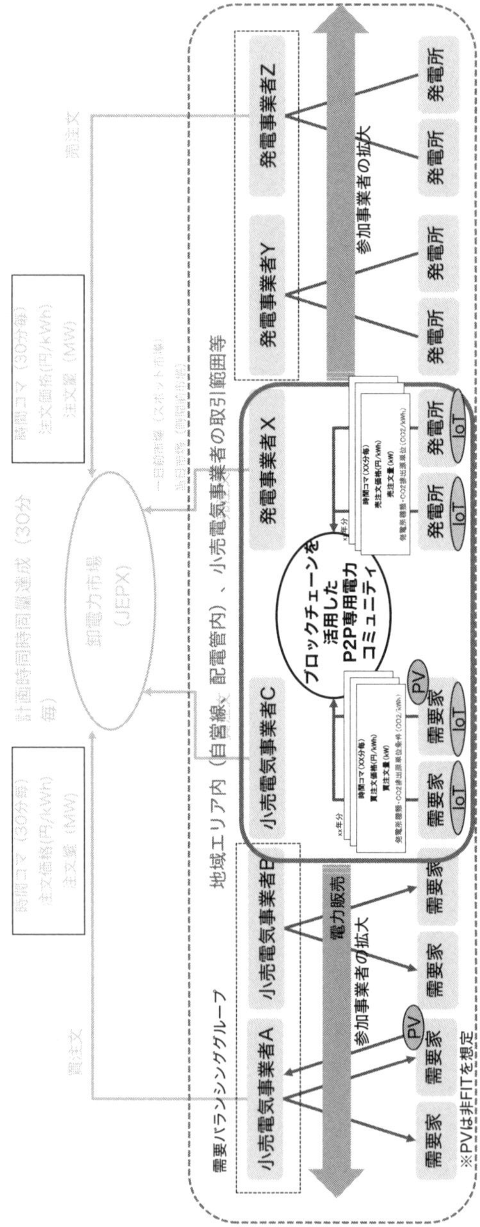

出所：みずほリサーチ＆テクノロジーズ作成

が合理的になる可能性もある。また、その際にP2P電力取引に配電網の利用料なども組み込むことで、配電網の効率的運営も可能になるだろう。

図5-8　P2P電力取引のシステムイメージ

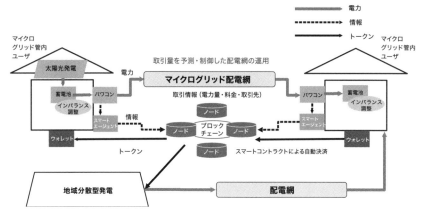

出所：みずほリサーチ&テクノロジーズ作成

デジタルグリッドは、「P2P電力取引」という言葉が出る以前から、長きにわたって先進的な「デジタルグリッド」構想を描いてきた。出資企業も50社を超えるなど、業界において非常に注目されている企業である。

電力のP2P取引とデジタルグリッドプラットフォーム

松井英章（デジタルグリッド株式会社　取締役〈取材当時〉）

　近年、電力のP2P取引が注目を浴びている。電力取引においては、売手（発電側）と買手（需要側）が存在するわけだが、通常、買手にとって電力の量と価格は意識するものの、それが、どこで発電された電力なのか、ということは意識しないケースが多い。卸電力市場（JEPX）で売り買いすれば、電力の量と価格しか指定しないし、固定の卸電力事業者と相対で取引する場合にも、事業者（誰）は意識しても、どこから（発電場所）までは意識しないケースが多い。ただし、どこから電気を買うのか、その場所や発電源種別（火力なのか、太陽光発電や風力発電なのか）を意識すべきシーンは増えつつある。誰/どこ（Peer）から誰/どこ（Peer）へ電力を売るのか、それを明確にするのがP2P取引である。

　では、なぜ電力のP2P取引が注目を浴びているのだろうか。ひとつには、気候変動対策として、再生可能エネルギー由来の電力が注目を浴びているからである。電力においては、電気の量（kWh）自体がもちろん最も重要な情報だが、二酸化炭素排出削減が求められるなか、何で作られた電力なのか、という点が重視されつつある。将来的には、再生可能エネルギー電力だけで自社の電力需要の100％を賄うことを宣言する、RE100に加盟する日本企業も増えているが、RE100で求められるのは、調達しているのがどこ由来の電力かということを明確にする「トラッキング」である。P2P取引が明らかにするのは、このトラッキングなのである。

　P2P取引が注目を浴びている次の理由は、マーケティング的な側面に拠るものである。高値で長期間、再生可能エネルギーの電力を買ってもらえる固定価格買取制度（FIT制度）の買取期間が終了した家庭の太陽光発電、いわゆる卒FIT電力の扱いについては、社会問題にもなったが、それを高値で買い、買手と結び付けることにより、マーケティングにつなげようとする動きもある。例えば、個々の家庭（売

手）を認識することで、その売手に対してお金の代わりに（あるいはプラスして）買手の店のポイントを付与できれば、店への誘導にもつながる。また、故郷の電源を指定して買い、故郷の振興に役立てたいという話もあるだろう。どこの電力か、という属性、あるいはその電源のもつストーリーは、何 kWh かという単純な量的側面以外の付加的な価値を持ち得るのである。

　もっとも、電源種別に対する価値は、これまでは FIT 制度がその対価を払っていた。しかしながら、本制度を支える再生可能エネルギー発電促進賦課金は、2020年度には 1 kWh あたり 2.98 円と需要家にとって大きな負担となっており、FIT 制度に過度に依存する再生可能エネルギー普及策は大きな転換点を迎えている。特に普及の進んだ太陽光発電については、FIT 買取の旨味も縮小傾向にあるが、それならば FIT に頼らず、相対で買手を見つけて販売という再生可能エネルギー発電事業者の動きも活発化しつつある。FIT に頼らないという意味で「非 FIT 再生可能エネルギー電源」とも呼ばれるが、これらを特定し、売買契約を締結するためにも、P2P 取引が求められるといってよいだろう。

　もっとも、非 FIT 電源の P2P 取引を実現するためには、電源の識別を行う必要がある。各電源は、系統における住所にあたる受電地点特定番号というものがあり、どの電源から電力が、いつ、どれくらい発生しているということは把握可能である。しかし、識別だけできれば P2P 取引が完結できるわけではない。電力サービスを提供するにあたっては、「同時同量」を達成しなければならない原則がある。どの瞬間においても発電量と需要量が一致しなければ、電力系統を安定的に運用することができなくなるため、発電サイドも需要サイドも系統接続して電力サービスのプレーヤーとなるからには、（制度的には 30 分単位で）同時同量の原則を守ることが求められる。ひとつの電源と需要の量を一致させるということは難しいため、複数の電源や需要をそれぞれひとつの大きなプールに入れ、個々の発電・需要量ではなく、プールの量全体の予測と実績が乖離しないように管理する手法がある。これを「バランシンググループ」と呼ぶが、発電と需要のバランシンググループ間の取引では、この同時同量の管理がしやすくなる一方で、どこの電源からどこに送ったか、という P2P 取引の管理がしにくくなるという欠点がある。同時同量の原則を守りつつ、P2P 取引を実現するのは技術的にハードルが高いのである。

　筆者の所属するデジタルグリッドは、この P2P 取引を実現する電力取引プラットフォーム（デジタルグリッドプラットフォーム＝ DGP）を構築、運営している。DGP では、売手と買手が発電・需要地点ごとに電力売買契約を締結し、その拠点単位での電力取引管理をデータベース上で行っている。それぞれの発電出力・需

要量を気象予測情報や過去の需給トレンド、そして当社開発の IoT デバイスで計測するリアルタイム出力データを基に、拠点ごとのオリジナル AI で予測することで、P2P の形で需要と発電を事前に結び付けることを可能としている。予測・マッチングを自動化することで、気象次第で発電量が変化する再生可能エネルギー発電設備と、それに関係なく利用される需要を直前まで予測し、差分が生じた場合は DGP や卸電力市場で直前まで売買を行い、同時同量を達成する。DGP では、この AI/IoT を活用した需給予測・マッチング管理技術により、人手で行うには難しかった P2P 取引を実現可能なものにしようとしている。

DGPによるP2P電力取引

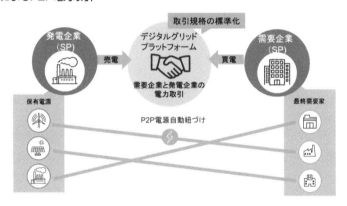

　なお、個々のデータをマッチングし、記録を残すという意味では、近年盛り上がりを見せているブロックチェーンが得意としているところである。当社も、当初は電力取引においてブロックチェーン活用を予定していた。ただし、電力取引においてブロックチェーンを活用するには、2つのハードルがあった。ひとつは、需給各地点においてデータを末端から末端までブロックチェーン化するには、秘密鍵を有するハードウェアデバイスが必要になることである。将来的には、あらゆる需給を結び付けたいと考えている DGP にとって、ハードウェアがないと取引に参加できないというのは大きな足かせとなる。もうひとつのハードルは、データ処理速度である。電力の世界では、30 分を区切りとして同時同量を達成する必要があるが、どんなに大量のトランザクションがあっても、この 30 分以内に処理を終了させなければならない。DGP の需給マッチングでは、需給取引契約時の相対のマッチングだけでなく、卸電力市場が閉じられる（ゲートクローズ）まで、予測のズレを修

正する細かな調整のためのマッチングが繰り返し行われる。ブロックチェーンを活用すると、この新しいマッチングごとにブロックが形成されることになるため、処理量が大量となり、需給地点の数によっては 30 分以内の処理終了が危ぶまれる。ブロックチェーン処理の高速化は日進月歩であり、近い将来この処理速度問題は解決される可能性も十分あるが、当社としては、現在ある技術でのサービスの実現を優先させた。しかしながら、ブロックチェーン化することで、発電者への対価としてトークンを活用し、料金ではなく独自のポイントやサービスで返すといった新しいビジネスモデルへの転換が容易になることも期待される。当社としても将来的には、採用を検討したい技術であることに変わりはない。

　なお、同時同量が、そこまでシビアに求められない再生可能エネルギー電源の自家消費に対する環境価値取引において、当社はブロックチェーンを利用した実証実験を行った。電源特定から価値の売買・償却まで、全処理プロセスをブロックチェーン台帳に記録することで、重複利用の可能性を排除し、人手を介さずとも環境価値に求められる信頼性向上に役立たせられると考えられる。

環境価値取引のブロックチェーン活用

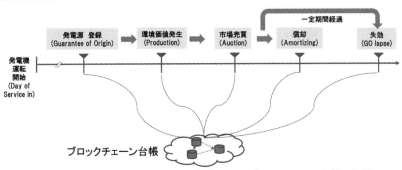

環境価値の登録から償却、失効まで全プロセスをブロックチェーン台帳に記録

5.2.2. P2P電力取引が出現した背景

　3章では、分散型エネルギー社会の進展により将来的にP2P電力取引が出現すること、5.1.では、そのやりとりにブロックチェーンが活用される可能性を説明した。ここでは、P2P電力取引を中心に、その取り組みが期待をもって進められている具体的な背景を再度整理してみたい。

　すでに述べたとおり、世界的な再生可能エネルギーの発電コスト低下、さらにはESG投資、企業のRE100への取り組みを中心とした再生可能エネルギーへの投資の加速を背景に、再生可能エネルギーが今後、世界的に主要な電源となる方向にある。国内では、特にFIT制度下で太陽光発電をはじめとするDERの導入が大幅に進んできた。これら再生可能エネルギーが普及していく状況下で、主に2つの課題が出ている。

（I）電力取引に係わる課題

　1つ目は、より直近の課題であるが、電力取引に係わる課題である。住宅太陽光発電の普及に伴い、企業しか参加していなかった電力取引の世界に、いわゆる「プロシューマー」という新しいステークホルダーが出現した。これまで「プロシューマー」は、FIT制度下のもと、発電した太陽光発電の余剰電力を「固定価格」で小売電気事業者または送配電事業者に自動的に非常に高い価格で買い取ってもらっていた。しかしながら、FIT制度下の買取期間が終了したのちは、各自が余剰電力の販売先を検討する必要が出てきたのである。2019年11月以降、国内で初めてFIT制度下の買取期間が終了する住宅用太陽光発電が大量に出現し始めている。具体的には、2023年までに累積で約165万件、670万kWにも達する。

　この対応として、一般的には「小売電気事業者」が提示する価格で、FIT制度下での買取期間が終了した太陽光発電の余剰電力は買い取られる。この価格は小売電気事業者によっても異なるが、おおよそ8円/kWh程度となっており、これまで非常に高い価格で買い取ってもらっていたプロシューマーにとっては低い価格となっている。

　一方で、デジタル技術を活用し、ものやサービスを個人間で効率的に売買

する P2P 取引サービスが国内外で台頭しており、同じような考え方を住宅用太陽光発電の余剰電力の売買に適応した P2P 電力取引サービスが展開される可能性が出てきている。P2P 電力取引サービスでは、プロシューマーは太陽光発電の余剰電力をより高く販売でき、電力の消費者は太陽光発電の余剰電力をより安く購入できる可能性がある。

（2）電力システムの安定性に係わる課題

　2つ目は、より中長期的な課題であるが、電力システムの安定性に係る課題である。電力システムを安定して稼働するためには、時間断面で電力の需要量と供給量を同量にする（需給をバランスさせる）ことが必要である。一部の電力エリアでは、日中に火力発電などの他電源の出力を抑えてもなお、エリア需要量を越えるだけの太陽光発電の発電量が発生し、需給をバランスさせるために太陽光発電の出力抑制が実施される事例も出てきた。また、住宅太陽光発電の所有者である「プロシューマー」の増加により、電力システムの下流に位置する需要家からの配電網への逆潮流が増加している。今後、大量に太陽光発電が導入されると、配電網の不安定化をもたらす可能性も出てきている。

　この課題については、電力の市場化とデジタル化を通じて、一部取り組みが進められている。図 5-9 に DER の普及レベルと電力の市場化とデジタル化の推移を示す。DER とは、分散型電源のことであり、ここでは、配電レベルに設置されている再生可能エネルギーや、需要家に設置されている蓄電池（EV などの蓄電池も含む）を指す。

　DER の普及レベルが低いステージ1では、電力エリア内での時間断面の再生可能エネルギーの発電量がエリア需要より過多となるケースはそれほど多くなく、送配電事業者からの出力抑制による対応や、各再生可能エネルギー発電事業者が保有している蓄電池などのエネルギー貯蔵装置を活用し、再生可能エネルギーの電力を時間シフトさせて使用する考え方が導入されてきた。

　さらに DER 普及レベルが高くなるステージ2では、再生可能エネルギーによる系統への影響をより低減させるため、送配電網の需給などの状況に合

わせて DER を広くエリアで群制御することで系統安定化を図るアグリゲーション事業が導入されようとしている。国内においては、2021 年 4 月から順次需給調整市場が立ち上がっており、その中でアグリゲーション事業が活躍することが期待されている。なお、エネルギー・リソース・アグリゲーション・ビジネス検討会が経済産業省と関連企業により組成されており、アグリゲーションに関する実証研究とビジネス開発が進められている。

　DER が相当普及するステージ 3 においては、配電レベル下の再生可能エネルギーや住宅用太陽光発電、蓄電池（EV などの蓄電池も含む）など、DER の数が限りなく増え、これらの DER が時間単位で電力取引を行うことになる。これらの DER をすべてアグリゲーション事業の中で制御して運用し、取引価格を決めて決済していくことには限界がある。このため、ステージ 3 では、多種多様な DER や需要家が自立的に需給バランスしながら取引し、決済する電力取引が必要になる可能性がある。このような議論は、すでに昔から予想され議論されてきた。1981 年にマサチューセッツ工科大学（MIT）の F.C.Schweppe らが提唱した「ホメオスタティック・コントロール」が、電力配電網の不安定化に対する対策として提案したのが最初で、以来多くの議論が行われ、今日の「トランザクティブエナジー」や「P2P 電力取引」

図5-9　電力の市場化とデジタル化の推移

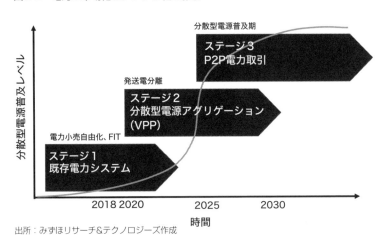

出所：みずほリサーチ&テクノロジーズ作成

のスキームが形づくられてきた。

5.2.3.　P2P 電力取引の類型

　P2P 電力取引の動きは、日本をはじめ英国、米国、豪州、東南アジアなどの世界中で現れており、P2P 電力取引スキームを活用した小規模プロジェクトや、再生可能エネルギーの環境価値取引プロジェクトなどが実証段階にある。

　一概に「P2P 電力取引」といっても、実は、さまざまな形態がある。ここでは、取引のタイミングを軸に分類した P2P 電力取引の 3 つの種類について、概要を説明する。

①出なり P2P 電力取引（実績マッチング）

　出なり P2P 電力取引は、小売電気事業者をはじめとして、国内外で比較的多くの企業が検討している方法である。特に国内では「5.2.2.(1) 電力取引に係わる課題」で述べたように、2019 年 11 月以降から発生している FIT 制度卒業の太陽光発電余剰電力の P2P 電力取引に活用される可能性がある。

　このスキームは、スマートメーターで計測した小売電気事業者の顧客である各需要家の買電量、売電量（太陽光発電の逆潮流）の「実績値」をもとに、「後付け」で P2P 電力取引を実施するものである。需要家やプロシューマーの需要量や発電量を制御しない「出なり」の電力を取引するスキームとなる。スマートメーターのみで実現が可能であり、あとの 2 つのスキームと比較すると実現に向けたハードルが少ない。国内では、主に旧一般電気事業者（小売電気事業部門）などが、この方法での実証を実施、検討しているとみられる。また、需要家に時間ごとに消費する電力がどの契約先の電源なのか（再生可能エネルギーなのか）を表示する「見える化」に、この方法を活用している小売電気事業者も出てきている。

　なお、出なり P2P 電力取引は、5.1.(1) フェーズ 1：集中型電源を主としたモデル（従来電力システム）で説明した「電源トレーサビリティの記録」と同じ概念であり、初期のブロックチェーンを活用した P2P 電力取引モデルとして展開がされている。

②直接 P2P 電力取引（制御あり）

　直接 P2P 電力取引は、主に新規参入企業が中長期的な視野をもって検討を開始しているスキームである。「5.2.2 (2) 電力システムの安定性に係わる課題」のステージ 3 に対応するものであり、再生可能エネルギーを含む DER が大量に導入される時代における次世代電力システムの可能性として考えられる。

　①出なり P2P 電力取引では、実需給の後に実績マッチングするのに対して、②直接 P2P 電力取引では、実需給の前に「P2P 電力取引市場」において事前に取引し約定する。具体的には、「スマートエージェント」と呼ばれる各需要家に設置される機器などで予測した各需要家の発電量、需要量などの「予測値」を基に、スマートエージェントが需要家の設定などに基づき P2P 電力取引市場において事前に需要家間で「直接」電力を取引する。実需給時には、この取引結果にできるだけ合致するように、各需要家の蓄電池や太陽光発電、需要機器などが自動的に制御され、同時同量（インバランス）が達成される仕組みである。

　なお、自動機器制御は実施せずに、同時同量が達成されない場合には、小売電気事業者側でインバランスを担うことになる。直接 P2P 電力取引の実証を実施している企業は、まだ世界でも限られており、国内では、デジタルグリッドが電力取引プラットフォームを構築して浦和美園実証事業を行っている（5.2.1. コラム参照）。

③潮流込み直接 P2P 電力取引（配電潮流を考慮）

　これも②と同じく「5.2.2. (2) 電力システムの安定性に係わる課題」のステージ 3 に対応するものである。需要家の電気料金のみならず、配電システムの合理的な運用のために P2P 電力取引を活用しようというものである。欧米では DSO（Distribution System Operator）、国内では特に送配電事業者の配電部門やマイクログリッド事業者が関心を持っているとみられる。

　具体的には、②直接 P2P 電力取引においては「電力料金」のみが取引対象とされていたが、③潮流込み直接 P2P 電力取引では取引間の配電におけ

る潮流混雑状況を考慮した「託送料金」も含めて P2P 電力取引を行う。近距離取引や混雑していない配電を使用する場合は託送料金が低減するなど配電使用の最適化が実現可能となる。一般的には「トランザクティブエナジー」という概念に含まれており、配電システムや、それを運用する DSO と連携した取り組みが必要となる。米国では「トランザクティブエナジー」のコンセプトのもと、TeMIX（RATES：Retail Automated Transactive Energy プロジェクト）が実証をしている（5.2.6. コラム参照）。

　以上を整理し、P2P 電力取引の種類ごとの概要と取引イメージを図 5-10 に示す。

5.2.4.　P2P 電力取引の価値、効果

　今後、さまざまな電力制度が緩和されるなかで、P2P 電力取引が出現する可能性があるが、P2P 電力取引が将来の電力取引の標準になる可能性があるのかについては、今後の検証を得て、P2P 電力取引の価値、効果について議論していく必要があるだろう。

　表 5-1 に筆者が考える P2P 電力取引の価値、効果を示す。需要家にとって価値、効果があることはもちろん、送配電事業者や社会全体における価値を出すことができるのかが重要な観点となるだろう。

　なお、TRENDE（3.3.2. コラム参照）は、トヨタ自動車と東京大学とともに、プラグインハイブリッド車を所有している電力消費者や、太陽光・蓄電池を設置したプロシューマー間などで、P2P 電力取引の共同実証実験をしている。この実証実験を通じて、電力消費者とプロシューマーが市場取引を通じて電力を売買することの経済性を検証するとともに、距離別託送料金のシミュレーションや航続距離に応じて電力消費量が変化する電動車の電力需要予測アルゴリズムの検証を行っている。その結果、P2P 電力取引は、系統電力のみの場合よりも経済性が高まることを確認した[18] とのことである。

図5-10 P2P電力取引の種類

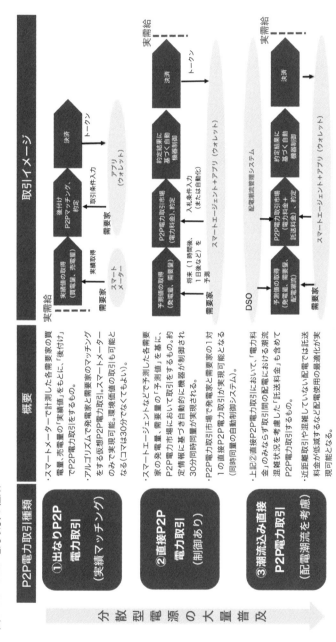

出所：みずほリサーチ&テクノロジーズ作成

表5-1　P2P電力取引の価値、効果

対象	価値、効果	内容
需要家	電気料金の低減	地域内のP2P電力取引により、電気料金を削減できる可能性がある。小売電気事業者の管理コストの低減や、将来的には実質上の中抜きも可能となり、それらマージン分の電気料金低減が可能となる。
	分散型電源の資産価値向上	太陽光発電や蓄電池などの分散型電源の価値をコミュニティの参加者と売買する選択肢を持つことで、分散型電源の稼働率向上や資産価値向上につながる。
	再生可能エネルギー利用量の見える化	どの発電所から、どの時間に、どれだけ取引したかの見える化が可能となり、トレーサビリティのある再生可能エネルギーへのアクセスが可能となる。また、特定の発電所からの取引指定なども可能となり、需要家に能動的な発電所選択肢が与えられる。
小売電気事業者・発電事業者	電力取引プロセスの自動化による管理コストの低減	需給調整や取引の実行、決済処理を自動化することで、電力事業に運営にかかる管理コストや決済コストを低減する。
	電力取引データの管理コスト低減、堅牢性・安全性向上	電力取引に係るデータをブロックチェーン上で管理することで、事業者のデータ管理コストを低減するとともにデータの堅牢性、安全性を向上する。
送配電事業者	インバランスリスクの低減※	各需要家、各発電所の需要量、発電量を個別「Peer」レベルで自動制御して需給バランスを保持することで、エリア内のインバランスリスクを最小限化し、系統全体での調整力の必要性を低減させる。
	配電の安定運用の効率化※	託送料金をP2P電力取引に組み込むことで、近距離取引や混雑していない配電では託送料金が低減するなど配電使用の最適化が実現可能となる。
社会全体	地産地消の加速、地域内資金の循環	地域におけるP2P電力取引が前提になり、地産地消が加速する。また、電気料金が地域内で循環し、地域通貨として発行するなど地域経済の活性化につなげることも可能となる。
	地域コミュニティの醸成	どの発電所（小学校、役所、需要家Aさん宅）から電気を購入するなどの指定も可能となり、地域コミュニティの醸成につながる。

※②直接P2P電力取引、③潮流込み直接P2P電力取引で期待される効果→社会コストの低減可能性については、実証などを通じて評価することが必要

出所：みずほリサーチ&テクノロジーズ作成

5.2.5. P2P 電力取引の課題

　ここでは、前項で示した P2P 電力取引の種類ごとに、特徴的なメリットおよび事業面、制度面、技術面からみた課題を述べる。

（1）出なり P2P 電力取引における課題

　①出なり P2P 電力取引は、ハードウェアの観点からはスマートメーターでも実現が可能なため、課題は残りの２つのスキームと比べると比較的少な

いといえる。また、小売電気事業者のメニューのひとつの選択肢として、太陽光発電の余剰電力を買い手がより安く、売り手はより高く販売できるプラットフォームをいち早く作ることで、同社の既存顧客の囲い込みや新規顧客獲得につなげることができる。このため、旧一般電気事業者（小売電気事業部門）を含む小売電気事業者を中心に取り組む企業が増える可能性があり、事業面での課題は少ないといえる。制度面については、小売電気事業者が当該事業を行うのであれば、P2P 電力取引は実施可能との整理案が 2019 年 5 月に開催された資源エネルギー庁の「第 7 回次世代技術を活用した新たな電力プラットフォームの在り方研究会」で議論されている。一方、技術面については、ブロックチェーン技術を使用した取引の管理などシステム面の検証が必要となるため、各企業が実証研究を進めているところである。

（2）直接 P2P 電力取引、潮流込み直接 P2P 電力取引における課題

　②直接 P2P 電力取引、③潮流込み直接 P2P 電力取引は、ハードウェアの観点からはスマートエージェントなどの新たな機器の導入が必要となり課題が多い。一方、実現することで、電力の直接的な P2P の取引が可能になるほか、需要家レベルで電力需給を調整することでインバランス発生の抑制も期待できる。さらに、この考え方をエリア全体に拡張すると、将来 DER が大量に普及した場合の次世代電力システムとしての機能を持つ可能性も考えられる。また、③潮流込み直接 P2P 電力取引では、配電潮流管理システムとの連携が必要になり、さらに実現のハードルが上がるが、今後 DER が主要電源となり、需要家からの逆潮流の急増に対応する新しい配電システムとして、今後想定される配電網増強のためのコストの最適化や抑制につなげられる可能性もある。

　これら 2 つのスキームに共通する事業面の課題として、ユーザーメリットの明確化、収益モデルの確立がある。従来の小売電気事業者の電力販売による事業モデルではなく、さまざまな顧客データを活用した顧客体験（UX：user experience）サービスの展開や、P2P 電力取引のプラットフォーム運用によるマージンビジネスが想定されるが、競争力を持って実現できるかは、現時点では不透明である。また、③潮流込み直接 P2P 電力取引については、

配電システム運用者である DSO の新しい事業モデルとしても考えられる。

　制度面の課題では、直接 P2P 電力取引を想定した法制度の整備が不可欠である。電力市場、電力システムの整備とともに、電気事業法などの改定が必要である。特に直接 P2P 電力取引では、スマートエージェントなどを介した取引など取引形態が多様化するため、これに対応した計量法の整備（従来スマートメーター以外の機器への対応）が求められる[19]。加えて直接 P2P 電力取引に参加する需要家やプロシューマーにとって価格メリットのある P2P 電力取引を実現するためには、託送料金を含む託送制度の整備が極めて重要である。隣の需要家との電力取引に際し、従来の特高から低圧への送配電システムすべてを利用した高い託送料金を課すのではなく、実際に利用する配電システム相応の託送料金を課すなどの検討が必要となる。

　技術面では、直接 P2P 電力取引を実現するブロックチェーンプラットフォームのコストダウンを実現する技術開発が重要である。直接 P2P 電力取引において、リアルタイムで取引情報を処理することを想定する場合、特に取引量のスケール拡大に伴うパフォーマンス低下、コストアップを低減するブロックチェーン技術の開発が求められる。また、直接 P2P 電力取引にさまざまな DER や需要家が自由に参加できるためには、スマートエージェントなどと DER、需要家機器とのインターフェースの標準化が必要となる。また、これは各社の競争領域となるが、AI 技術や、さまざまなユーザーデータとの連携を行い、P2P 電力取引市場に参加する需要家の需要量、発電量の予測をいかに精度高く行い、効率的な電力取引につなげられるかが鍵となる。

　上記で述べた「P2P 電力取引」についての課題を表 5-2 に整理した。②直接 P2P 電力取引、さらには③潮流込み直接 P2P 電力取引が、将来の P2P 電力取引の中核を担う類型である。一方、これら P2P 電力取引には先進的な技術が必要であり、課題も多いが、我が国の電力分野において競争力ある新産業育成の可能性の観点からも積極的に検討を進めておくべき分野であろう。

　一方で、これらの P2P 電力取引は、電力システム自体に密接に関わるものであり、再生可能エネルギーの大量普及を前提とした将来の電力システ

表5-2　P2P電力取引の実現に向けた課題

種類	実現に向けた課題	
	制度	技術
①出なりP2P電力取引 （実績マッチング）	●個人間における電力売買を可能とする制度 →小売電気事業者＝プラットフォーマーの場合は制約なしという整理に	●ブロックチェーンプラットフォームのパフォーマンス向上
②直接P2P電力取引 （制御あり）	＜①に追加して＞ ●一般家庭への部分供給を可能とする制度 ●P2P電力取引市場の設計ルールなどの整備（託送料金の精算方法を含む） ●従来計量法で規定されているスマートメーター以外の機器データを活用し、電力売買を可能とする制度 ●家庭用蓄電池を介した逆潮流を可能とする制度	＜①に追加して＞ ●スマートエージェントと需要機器、蓄エネ機器との制御インターフェース（プラグアンドプレイ） ●需要量、発電量の予測精度の向上（AIなどの利用）
③潮流込み 直接P2P電力取引 （配電潮流を考慮）	＜②に追加して＞ ●柔軟な託送料金設定を可能とする制度	＜②に追加して＞ ●配電潮流管理システムの構築とシステム連携

出所：みずほリサーチ＆テクノロジーズ作成

ムの方向性を検討するなかで、より詳細な検証が必要である。具体的には、DER普及に伴って必要な将来の電力システム全体のコスト（将来必要な調整力と、配電設備増強に係るコストなど）が、直接P2P電力導入によって効率化できる可能性、さらにはP2P電力取引市場における電力料金に係る需要家保護の観点、配電潮流管理と直接P2P電力取引システムを接続する場合の電力安定供給、セキュリティの観点など、さまざまな視点から政府と民間企業、送配電事業者が連携して詳細な検討や検証が行われる必要があるだろう。

　なお、P2P電力取引は、資源エネルギー庁の「次世代技術を活用した新たな電力プラットフォームの在り方研究会」において議論がされている。

　2019年5月10日に開催された研究会では、図5-11のようにP2P電力取引の類型を整理し、P2P電力取引において「小売電気事業者＝プラットフォーマーとなる場合」は、現行の制度でも実施できるという整理がされた。

　また、資源エネルギー庁が議論した、P2P電力取引のプラス要因、マイナス要因の分析を図5-12に示す。ひとつの結論として、P2P電力取引は、安定供給・経済効率性・環境適合性の向上に資する新たな取引となり得るの

図5-11　資源エネルギー庁が示すP2P電力取引の類型

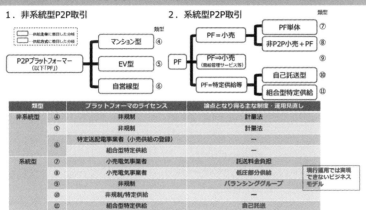

出所：資源エネルギー庁次世代技術を活用した新たな電力プラットフォームの在り方研究会「第7回・資料3
および経済産業省提出資料②配電分野の高度化に資する新たな事業類型について（2019年5月10日）」

ではないかとしている。今後も、P2P 電力取引に向けた早期の法整備など
が進められていくと想定される。

5.2.6.　P2P 電力取引のビジネスモデル

　P2P 電力取引のビジネスモデルは、現時点で確立したものは存在しないが、
例えば、図 3-13 に示したプラットフォームビジネスを見据えた展開がされ
る可能性がある。誰が P2P 電力取引を目指すかによって、そのアプローチ
は変わるだろう。

①小売電気事業者

　小売電気事業者が実施する場合、P2P 電力取引のビジネスモデルは、例
えば、図 5-13 のようなモデルが想定される。P2P 電力取引コミュニティの
中で、需要家は、プロシューマーの余剰電力を小売電気事業者における「小

図5-12 資源エネルギー庁が示すP2P電力取引のプラス要因、マイナス要因

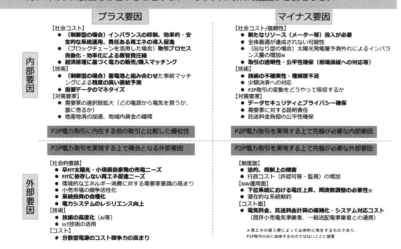

出所：資源エネルギー庁次世代技術を活用した新たな電力プラットフォームの在り方研究会「第7回・資料3および経済産業省提出資料②配電分野の高度化に資する新たな事業類型について（2019年5月10日）」

図5-13 小売電気事業者のP2P電力取引モデル例

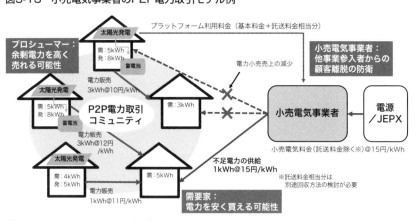

出所：みずほリサーチ&テクノロジーズ作成

売電気料金」より安い価格で享受する。ただし、P2P 電力取引コミュニティ内の取引価格が高騰した場合は、「小売電気料金」でプラットフォーマー（小売電気事業者）が供給する。

　小売電気事業者は、P2P 電力取引を進めると通常の小売価格での電力販売量が減るため、売上が下がる可能性が高い。他の事業参入者が現れ従来の顧客が離脱することを防止するための戦略が基本となる。そのうえで、顧客との継続的な接点を保有するため、顧客体験価値の提供に結び付けるプラットフォームビジネスを行うことも考えられる。

②新規参入企業

　ベンチャーや異業種からの新規参入企業の P2P 電力取引のビジネスモデルは、例えば、図 5-14 のようなモデルが想定される。プラットフォーマーとして多数の企業と連携し、コミュニティ対象は従来の戸建需要家のみならず、EV や EV 充電器、さらには地域の再生可能エネルギー発電所なども想定される。

　従来の小売電気事業者の電力販売による事業モデルではなく、データ活用ビジネスや、プラットフォーム運用によるマージンビジネスが主になること

図5-14　新規参入企業のP2P電力取引モデル例

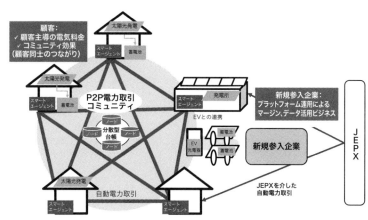

出所：みずほリサーチ＆テクノロジーズ作成

が想定される。具体的には、各コミュニティ参加者の詳細な需要量、発電量の電力データをはじめとし、EV経由のデータや電力業界以外の分野におけるビッグデータも取り込んだデータ活用ビジネスが想定されるほか、取引にプライベート／コンソーシアムブロックチェーンを構築する場合は、そのなかでトランザクションフィーの徴収が想定される。

③分散型電源などのメーカー

分散型電源などのメーカーのP2P電力取引のビジネスモデルは、例えば、図5-15のようなモデルが想定される。P2P電力取引における重要なファクターのひとつに蓄電池の運用がある。蓄電池を第三者所有モデルによって分散型電源などのメーカーが制御、運用することで、P2P電力取引コミュニティ参加者の電気料金を合理化する。それらのメリットとコミュニティの効果により、メーカーの自社製品への付加価値が向上し、導入が促進する。P2P電力取引に蓄電池が使用されていない時間帯や空いている容量を使用して、需給調整市場への活用も想定される。

図5-15　分散型電源などのメーカーのP2P電力取引モデル例

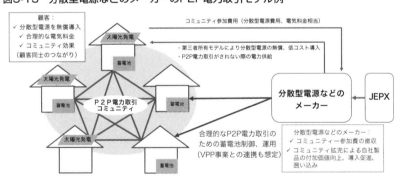

出所：みずほリサーチ＆テクノロジーズ作成

コラム　TeMix は、「トランザクティブエナジー」の実現を目指す米国カリフォルニア州を拠点とする気鋭の企業である。トランザクティブエナジーという概念は、「P2P 電力取引」というワードが出る前から提唱されており、カリフォルニア州における実証プロジェクトが実現するなど期待されている。

「トランザクティブエナジー」が目指す
将来の電力システム像

下田尚希（TeMix Inc.）

1. トランザクティブエナジーとは何か？

　トランザクティブエナジー（TE）の定義は、さまざまなものがあろうと思うが、筆者の所属する TeMix では以下の説明を用いている。

「TE とは、電力生産・消費と輸送に関与する各主体が価格と市場メカニズムを通じた自律的な取引（トランザクション）を行うことによって、既存システムの無駄や非効率を取り除き、需要家個々のニーズを満たすと同時に、システム全体のコスト・信頼性・環境負荷などの最適化を達成するシステムである」。

　価格シグナルを媒介として複数の生産者と購入者の間で取引を行う世界は、電力卸では一部実現されている。しかし、筆者の住むカリフォルニア州*1 や日本の一部などでは、政策的な後押しを受けた再生可能エネルギー発電が大量に建設された結果、「ダックカーブ現象」と呼ばれる再生可能エネルギー発電と需要パターンのミスマッチが発生しており、卸市場価格がマイナスとなったり、夕刻の需要の急激な立ち上がりに追従するための設備コストが増大するなど、システムの非効率性が増大している。

　また、配電・電力小売分野では、世界の多くの地域において、配電設備の形成は電力会社が需要予測に基づいて一元的に計画して行い、小売事業者はそれぞれの想定する需要に応じた供給力の手当てをし、消費者は電力システムの状況やコストをそれほど意識することなく、あらかじめ定められた料金に従って支払いをする、という仕組みが継続している。これは「短期的な運用においても長期的な設備形成においても、（時点時点のシステムコストを意識しない）需要の動きに供給サイドが追従せざるを得ない」ということを意味しており、必ずしも経済的な最適化が図られているとはいえない。

一方、昨今では、需要家保有の太陽光発電をはじめ電気自動車、バッテリーなどの分散型エネルギー資源が浸透し始め、また、家電のモニタリングや高度な制御を可能とする IoT 技術も大きく進展している。このことは、需要家の一部が供給者ともなり得ること（プロシューマー化）と、需要側での消費量調整に関する自由度が拡大することを意味しており、TE システムとの親和性が高まっている。

　こうした状況を反映して、さまざまな TE 実証試験やパイロットプロジェクトが進められてきている。これらのパイロットプロジェクトの目的やシステム構成は多様で、プロシューマーの持つ余剰太陽光電力と環境価値を、既存の電力供給の傍らで P2P 取引するという比較的「地に足のついた、実現性の高い」ものから、現行の託送・小売電力販売の仕組みを TE ベースの小売電力市場に置き換え、すべての電力売買を TE で行うべく電力会社が市場を運営するというものまで存在する。TeMix が南カリフォルニアで実施した RATES プロジェクトは、この後者の一例で、TE が目指す電力システムの将来像を強く意識して行われたものである。

2. トランザクティブエナジーの将来像と RATES プロジェクト

　RATES（Retail Automated Transactive Energy System）プロジェクトは、カリフォルニア州のユーティリティである Southern California Edison（SCE）がロサンゼルス郊外の約100件の需要家の参加を募って 2016 ～ 2019 年にかけて実施したパイロットである。カリフォルニア州では、2045 年までに供給電力を 100％再生可能エネルギー化するとの政策を掲げており、いかにして経済的に再生可能

図1　RATESシステム概念図

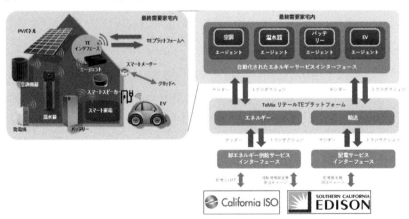

エネルギーを増やしていくかが大きな課題となっている。RATES は、この課題に TE の観点から取り組んだものである。図1に RATES のシステム概念図を示す。

　技術的な詳細は割愛するが、RATES では、今後の電力システムのあるべき姿を念頭にいくつかの試みが行われた。

1. すべての電力購入は TE 取引所経由で行う：各需要家は、TE 取引所に提示される最大1年先までの先渡価格と当日のスポット価格（1時間、15分、5分単位の電力）を基に自身の消費するすべての電力を購入し、余剰の電力があれば、それを市場に販売する。需要家は、電力を実際に生産・消費する時点まで売り買いを繰り返してポジション調整を行う。価格は、時点ごと・地点ごとに異なった値が提示され、随時更新される。

2. 電力の購入者は輸送サービスも同時に購入する：電力自体の取引のほかに、SCE の提供する電力輸送（託送）サービスも TE 市場で取引される。この輸送サービスの価格も地点ごと・時点ごと・方向別（順潮流、逆潮流）に異なる。

3. 現行料金制度からの移行のための個別契約を用意：現行料金から TE への移行を容易にするため、SCE は、各顧客の年間需要予測に基づいた「年間サブスクリプション契約」を用意し、各顧客に提示する。この契約は、それぞれの需要家が今後1年間に想定される量の電力を消費した場合に、ほぼ現行料金と同等の支払いとなるよう設定されている。この契約はオプションであり、購入は需要家各自の判断に任される。

4. AI サポートによる自動取引：需要家の行う売り・買いの取引は「Agent」と呼ばれる AI 機能を有するソフトウェアが、各需要家の価値基準や選好（コスト削減か快適さかなど）を反映した形でほぼ自動的に行う。Agent は、需要予測、家電機器制御、スマートメーターからの情報取得、TE プラットフォームとの取引などを司る。

5. マーケットメーカーによる流動性の確保：取引は、プロシューマーや需要家間で直接行うことも可能だが、量的には電力会社との売り買いが大多数を占める。SCE（小売事業者）は先渡し、スポットの売り／買い価格を常時市場に提示するとともに、各参加者の取引相手となることでマーケットメーカーの役割を果たす。

6. 需要家もバランシングの役割を担う：TE システムに参加する需要家は、大きな取引自由度が与えられるのと同時に、自身で必要な調達を行う義務を負う。消費時点までに先渡で購入された電力量（ポジション）が実際の消費を下回

る（上回る）場合、不足分（超過分）は、５分ごとのスポット買い価格（売り価格）で精算されることになる。システムの状況次第でスポット買い価格が高騰したり、売り価格がマイナスになる可能性もあるため、Agent は先渡しでの売買によって市場でポジションの最小化を図るとともに、リアルタイムにおいてもバッテリーの活用、家電の需要調節などを通じ、可能な限り実消費とポジションとの差を解消しようとするため、結果としてバランシングの役割を担うことになる。

　RATES は、TE プラットフォームの取引・決済機能、Agent の各機能の技術的な確認を主眼に行われたが、同時に各需要家・プロシューマーの消費行動が各自の選好を反映する形で実際に最適化されることも確認された。現在は RATES の拡張として、環境価値の明示的な取り込み、１年を超える先渡取引、競争的小売事業者やアグリゲーター、商工業・農業需要家の市場参加などが検討されている（TE システムの機能としては、これらはすでに実現されている）。
　TE のもたらすメリットを各参加者の立場で整理すれば以下のようになる。

1. 需要家・プロシューマー：エネルギー消費や販売に関する自由度が増大する。自身の選好（例えば、部屋の温度をより快適にするか、電気代を節約するかについての個人の選好）に沿った電力消費決断が可能になるとともに、市場を通じて太陽光発電やバッテリーによるマネタイズ機会が拡大する。
2. 配電事業者：価格シグナルを通じた運用レベルでの配電システムの負荷平準化と利用率の向上に加え、長期先渡契約により、将来、需要に対するコミットメントが高まることから設備計画・投資のリスクが低減される。
3. ISO：供給側の変動に対する需要側の反応度が高まることにより、過剰な再生可能エネルギー供給のもたらす市場の歪みや経済非効率が軽減される。
4. 政策・規制当局：政策目標を達成するためのさまざまな補助金制度や量的目標の設定と、それらの目標と公平性を両立させる料金制度の維持・管理の必要性が減り、市場メカニズムと各需要家のエネルギー消費意思決定による目標達成が可能となる。
5. 競争的小売事業者、アグリゲーター、マーケターなど：顧客獲得コストや取引コストが軽減し、革新的なエネルギー商品・サービスの提供機会が拡大する（ただし、その代償として参入障壁が低下し、競争が激化するリスクや、市場によって自身のビジネスが中抜きされるリスクも想定されるため、必ず

しもメリットばかりではない)。

　参考までに TeMix が現在、カリフォルニア州エネルギー委員会（California Energy Commission）に提示した TE の将来ビジョンと 2045 年の再生可能エネルギー 100％の世界に向けたロードマップを図 2 に示す。

図2：トランザクティブエナジーロードマップ（カリフォルニア州）

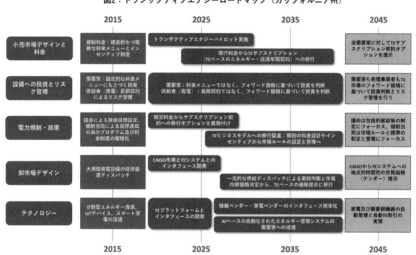

まとめと考察（TE システムとブロックチェーン技術および P2P 電力取引との関連性について）

　筆者は、新たな仕組みが既存システムを超えて大きな価値を生み出すには、①既存システムの非効率部分を大幅に低減すること、②既存システムでは、うまく扱うことのできない価値を顕在化させること、のいずれかを達成することが鍵であると考えている。TE に即していえば、増加する再生可能エネルギー発電のもたらすシステム負担や非効率性の解消と、テクノロジーの進歩により拡大した需要サイドにおける柔軟性の価値顕在化の 2 点の実現がそれにあたる。これを大規模に実現するには、TE を現行の電力販売の仕組みの外側で追加的なものとして位置付けるのではなく、現行の電力販売や価格付けの仕組みの中で適用し、小売レベルでの電力需給の仕組みを TE ベースに置き換えていくことを目指すべきだと考えている。

現行の電力販売や託送サービスにおける価格付けと売買を TE ベースに置き換える場合、非常に多数かつ多様な価値観を持つ主体が取引に参加することになり、現在の電力卸市場で採用されているようなシステムオペレーターによる中央集権的な需給の最適化と需給均衡点算出による価格付けでは間尺に合わないことが予想される。各参加者が自身の選好と価格に応じて取引して電力生産・消費を行うことで、結果として全体最適を達成する「自律的かつ分散型の意思決定型システム」を構築するほうが現実的かつ効率的であろう。

　ここで用いた「自律的かつ分散型のシステム」という表現は、電力生産・消費・取引の意思決定と行動の仕組みを指しているもので、現在の卸取引や小売販売で行われているような中央集権的な価格決めや、需給のバランシングの仕組みと対比するためのものである。これは、電力取引の承認・記録保存などに関わる分散型システム（例えば、ブロックチェーンなど）とは異なる階層・概念の問題であることに留意されたい。TE システムにおける取引承認、記録保存は、分散型でも集中型でも実装は可能であり、どちらの方式を採用するかは経済性・信頼性などを勘案してシステムの事情に応じて適切なものを選択すべきものである（RATES パイロットでは、マーケットメーカーである SCE が一元的に取引情報の管理を行っており、従来型の集中型台帳システムを採用している）。

　繰り返しになるが、TE のもたらす革新的な価値は、需要側の柔軟性の価値を大規模に顕在化させるところにある。そこでは、最終需要家・プロシューマー以外にもさまざまな機能を果たすプレーヤーの存在が重要となってくる。例えば、本格的な TE においては、既存の小売販売全体の仕組みを変えるような規模の取引量を達成するには流動性を供給するマーケットメーカーが必要であるし、既存の大量の売買契約を TE に移行させるための大規模小売事業者の関与も重要である。また、需要サイドで実際に電力消費パターンの変化を引き起こし、その価値を顕在化させるには、物理的な電力の流れを意識した取引を行う必要があり、配電事業者の関与が鍵となるといった具合である。

　筆者は、TE においては対等なもの同士が中央機能を介さずに直接やり取りをするという本来の意味での Peer to Peer ＊2 というよりも、配電会社、小売事業者、アグリゲーター、一般需要家・プロシューマー、卸市場からの電力供給者など異なる規模と役割を持つ参加者（party）が、TE システムを介して互いに自律的に取引するという意味での Party to Party 取引と捉えるのがより自然であると考えている。そして、この Party to Party 取引では、必ずしも全員が対等というわけではなく、中央で取りまとめをする特別な役割を持つシステム参加者が存在する。すべて

のTEにおいて取引に関する意思決定そのものは自律的・分散的であるが、取引の承認・記録について、分散型の台帳システムが適しているのか、従来型のシステムのほうがよいのかはケース・バイ・ケースで判断されるべき問題である*3。

　ブロックチェーンの電力ビジネスへの活用を目指している主要な業界団体であるEnergy Web Foundation（EWF）が最近発表した報告書*4によると、当初、彼らが標榜していた「ブロックチェーン技術によって、旧来の電力システムに革新的な変化をもたらす」というビジョンから「既存システムの一定部分を維持したままで、ブロックチェーンとの融合を目指す」方向へと転換が図られているようである。ブロックチェーン技術のエネルギービジネスへの活用については、今後より大規模な商用試験などによる経済的メリットの検証を通じて、その方向性が明確になっていくのではないだろうか。

脚注
＊1　例えば、2019年4月にSEPAの発表した"Transactive Energy - REAL-WORLD APPLICATIONS FOR THE MODERN GRID"という報告書では、TeMixのカリフォルニア州のプロジェクト以外に、National Grid + Opus One（ニューヨーク州）、Pacific Northwest National Laboratory（ワシントンD.C.）、Introspective Systems（メイン州）の4事例が取り上げられている。
＊2　通信ネットワークでは、中央管理者がいないネットワークで対等な参加者同士が直接通信することを指している。
＊3　例えば、マイクログリッドやVPPに参加している需要家・プロシューマーなど、比較的範囲が限られたなかでもTEの概念は適用可能だが、その場合には、ブロックチェーン技術との親和性は比較的高いと推測される。
＊4　EW-DOS: The Energy Web Decentralized Operating System - An Open-Source Technology Stack to Accelerate the Energy Transition" Energy Wen Foundation, December 2019

おわりに（電力業界における将来ビジネスモデルの変革の方向性）

　本書の締めくくりとして、これまで議論した内容を踏まえ、電力業界における将来ビジネスモデルの変革の方向性について示唆したい。

　現在、電力ビジネスは、電気を作る「発電事業」、電気を配送する「送配電事業」、電気を販売する「小売電気事業」、それと電気を使う「需要家」から成り立っている。もちろん過去は、発電事業と送配電事業、小売電気事業が一体となった電力会社（旧一般電気事業者）がエリアごとにあり、この会社が電力業界を席巻していた。それが2016年の電力小売全面自由化、さらには2020年の発送電分離を経て機能別（発電、送配電、小売）に分社化するとともに、再生可能エネルギーといった新しい電源に対して国をあげて支援がされることで、発電事業や小売電気事業にさまざまな新しい企業が参入することになる。

　その状況下で新たに始まったのが分散型電源の流れである。歴史は繰り返すというが、白熱電球を発明したエジソンの時代は直流送電が前提であり、昇圧が困難であったため、遠くに送電するとエネルギーロスが大きかった。そのため、都市の中に電源を設置して都市の白熱電球を灯していた。これもいわゆる分散型電源を中心とした電力システムである。その後、交流送電が考案され、昇圧をすることで遠距離への送電が可能となり、郊外に大規模な発電所が建設され、そこから都市に送電網を介して電気を送ることが一般的なモデルとなり、このシステムが続いてきた。

　その後、本書で論じたとおり、太陽光発電などの再生可能エネルギーの普及により、「プロシューマー」が増加することで、近くで電力を融通したり、災害などで従来系統が停電しても継続できるマイクログリッドを含めた分散型電源を中心とした電力システムとして、進化しながらも分散型電源の歴史は繰り返されている。

　この世界では、「デジタル」を鍵に2つのことが起こっている。

　1つ目は、発電と使用者が同一になってくる「プロシューマー」という流れである。ひと昔前まで発電事業をするには、それこそ大規模な発電設備や多大な資産投資が必要で、一般的な需要家では、とてもではないが資金調達

が難しかった。また、発電事業の運営もノウハウが必要であり、個人ができる代物ではなかった。それが現在は、分散型電源の効率が高まり、従来電源よりもコスト競争力を保有し、シェアリングも可能となり、より少ない資金で一般的な需要家でも保有できるようになってきたのである。また、発電事業の運営についても、デジタル化やAIの進展により、ノウハウは必要なくなり、「自動的」に運営ができる時代になってきた。発電事業者は、これらプロシューマーが将来のライバルであり、中長期的には、従来の集中型発電に大規模に投資していく必要性はより少なくなってくるだろう。

　２つ目は、小売電気事業者の役割である。従来「小売」は販売したい企業と、購入したい人の仲介者という位置づけである。これもデジタル化の進展により、他の業界ではすでに中抜きが始まっている。電力業界においても、今後P2P電力取引が進んだり、需要家のIoT機器による市場からの自動買付などが進んだりすれば、「仲介者」という意味での小売電気事業者の必要性はなくなってくるであろう。

　これらのトレンドからいえることとして、発電事業者、小売電気事業者ともに、これらの将来の変化を敏感に察知し、これまでの従来型ビジネスを変革していかなくてはならないということである。

　従来型ビジネスの変革の観点のひとつとして、例えば、需要家（プロシューマー）における分散型電源を取り込んだビジネスとして「TPO（第三者所有）モデル」を軸として展開していく方向がある。このとき、「発電事業者」、「小売電気事業者」といった業態ではなく、VPPにおける「アグリゲーター」や、さらにはP2P電力取引の「プラットフォーマー」など、事業モデルの転換も視野に入るだろう。この際もうひとつ重要な点は、燃料の必要ない再生可能エネルギーが主体となることで「発電コスト」がどんどん下がることである。すなわち、将来の主要事業として、従来の発電、販売をしてお金を稼ぐだけの事業モデルからの脱却も必要になるということである。

　また、これまで独占的であった「送配電事業者」も、この流れに翻弄される可能性が出てくるだろう。ひとつは、配電下の分散型電源の増加である。配電系統の効率的な管理という観点から、DER市場、ローカルエネルギー市場などの可能性も議論され、そのなかで、「潮流込み直接P2P電力取引」

が検討されていくかもしれない。また、分散型電源とともにマイクログリッドが本格的に普及すれば、自らの送配電事業は縮小するため、送配電事業者自体が、マイクログリッド運営者としての事業者に転換していく可能性もあるだろう。または、自治体などのマイクログリッド運営者へのコンサルティング、配電管理システムの販売・保守、運営代行などのモデルに転換していく必要が出てくるだろう。

　将来的に、分散型エネルギー社会により、さまざまな変革が起こってくる。そのなかで企業は、「デジタル」を軸に新たな価値として「電力」以外の付加価値をどこでつくっていくかが今後、問われていく時代になると考えている。

謝辞

　本書を刊行するにあたって、コラムの執筆や対談を、無理を言ってお願いさせていただいた TRENDE の中居洋一氏、ソラミツの宮沢和正氏、シェアリングエネルギーの井口和宏氏、デジタルグリッドの松井英章氏、TeMiX の下田尚希氏には、心から感謝を申し上げます。エネルギー業界の変革を今後もリーディングいただければと思います。

　また、エネルギーフォーラム出版部の山田衆三氏、当社で本書の執筆を快く後押しいただいた廣崎淳常務、佐々木誠夫部長、冨田哲也次長（以上、役職は執筆当時）、執筆にあたっていただいた紀伊智顕氏、石原範之氏、原稿にコメントをいただいた佐藤貴文氏、さらには忙しいなかプロジェクトを調整していただいた社内の皆様にも心から感謝を申し上げます。

　本書のテーマのそもそものきっかけは、太陽光発電技術研究組合（PVTEC）において経済産業省の委託事業「再生可能エネルギーブロックチェーン委員会」を立ち上げる際に、同組合の森本弘氏、田中誠氏、斉藤洋子氏からお声かけいただいたところから始まったものです。大変貴重なご機会をいただき厚く御礼申し上げます。

　本書を多くの方々に手に取っていただき、少しでもエネルギーの未来を考えるきっかけにしていただければ、筆者としてこれほど幸いなことはありません。

2021 年 4 月吉日

みずほリサーチ＆テクノロジーズ

並河　昌平

脚注

※1　電池容量に対する放電量の割合のこと
※2　将来、FIT における買取価格が高い電源の FIT 期間が終了することで、長期的には下がる
※3　電力の安定供給のためには、エリアにおける周波数を一定範囲に維持するため、需要量と供給量を時間断面で一致させる必要がある。一致しない場合、インバランスが発生すると言い、調整（バランシング）する必要がある。詳細は３章参照
※4　情報を選んで集めて整理すること
※5　"Mobility as a Service" の略。出発地から目的地までの移動ニーズに対して最適な移動手段をシームレスにひとつのアプリで提供するなど、移動を単なる手段としてではなく、利用者にとっての一元的なサービスとして捉える概念
※6　住宅をモノとして購入するのではなく、定額を支払い一定期間利用すること。定額全国約25 拠点住み放題「ADDress」(https://address.love/)、定額で世界中約 200 拠点住み放題「HafH」(https://hafh.com/) などのサービスが登場している
※7　通信機能付きカーナビの通信費を本田技研工業が負担し、膨大な走行情報を収集、ユーザーは走行情報の分析結果を用いた、より早く正確に着くルート案内や交通情報、防災・気象情報を無料で取得できるなど Win-Win の関係を実現　https://www.honda.co.jp/internavi/linkupfree/
※8　特定卸供給事業者と定義された
※9　Proof of Work、ブロックチェーン上のブロックを生成、記録する仕組み。ほかにもさまざまな仕組みが考案されている
※10　ブロックチェーンは、不特定多数のノードがデータを承認記録して誰でも参加可能なパブリックチェーンと、指定される一部のノードのみがデータを承認記録してアライアンスを組んだ企業だけが参加できるコンソーシアムチェーン、自社のみが使用するプライベートチェーンに分けられる
※11　ブロックチェーン上で発行された独自コインのこと
※12　Consensys：GRID+ White paper ver2.0
※13　2020 年 9 月 1 日時点
※14　2020 年 9 月 1 日時点
※15　v2.0 で可能になる予定
※16　BCI SUPPLY CHAIN RESILIENCE REPORT 2018
※17　サービス提供ができなくなる事態の発生頻度が少ないこと
※18　電気新聞「安い電気、AI が判断／東大・トヨタ・TRENDE が P2P 取引で実証（2020 年9 月 18 日付）」
※19　従来、課金に使用するデータは、計量法で規定されたメーター以外は使用できなかったが、計量法で規定しない機器でも、みなしとして使えるようになり、柔軟な制度への議論が進んでいる。また、次世代スマートメーターの標準機能が検討されており、計測粒度がより小さくなるなど、将来 P2P 電力取引に活用できる可能性もある

執筆者紹介

並河 昌平（1章、2章、3章、4章1、5章を担当）

2006年3月、東京大学大学院工学系研究科博士前期課程修了。同年、みずほ情報総研（現：みずほリサーチ＆テクノロジーズ）入社。グローバルイノベーション＆エネルギー部において、再生可能エネルギー、電力分野の調査、事業コンサルティングに従事。

紀伊 智顕（2章を担当）

1990年3月、早稲田大学商学部卒業。同年、富士総合研究所（現：みずほリサーチ＆テクノロジーズ）入社。2020年4月、三菱UFJリサーチ＆コンサルティング入社。IoT、AI、ビッグデータ関連のコンサルティング、ブロックチェーンなどFintech分野の新規事業開発に従事。

石原 範之（4章2を担当）

1991年3月、東京大学理学部卒業。同年、富士総合研究所（現：みずほリサーチ＆テクノロジーズ）入社。経営・ITコンサルティング部において、ブロックチェーン、エレクトロニクス、デジタル分野の調査、コンサルティングに従事。

みずほリサーチ＆テクノロジーズ

2021年4月、みずほ情報総研とみずほ総合研究所の合併により発足。リサーチ、コンサルティング、ITデジタルに関する知見や実装力を融合し、お客様や社会へ新たな価値提供を目指す。

エネルギーテック革命

2021年6月6日　第一刷発行

著　者　みずほリサーチ＆テクノロジーズ／並河 昌平、石原範之 ほか

発行者　志賀 正利

発　行　株式会社エネルギーフォーラム
〒104-0061　東京都中央区銀座5-13-3　電話 03-5565-3500

印刷・製本所　中央精版印刷株式会社

ブックデザイン　エネルギーフォーラムデザイン室